海洋无人自主观测装备发展与应用
（载荷篇）

范开国　郭　飞　何　琦
张坤鹏　黄建国　鱼　蒙　等 编著

海洋出版社

2021 年 · 北京

图书在版编目（CIP）数据

海洋无人自主观测装备发展与应用. 载荷篇/范开国等编著. —北京：海洋出版社，2021.11

ISBN 978-7-5210-0853-1

Ⅰ.①海… Ⅱ.①范… Ⅲ.①海洋监测-观测设备-研究 Ⅳ.①P715

中国版本图书馆 CIP 数据核字（2021）第 234942 号

责任编辑：赵　娟
责任印制：安　森

海洋出版社　出版发行

http：//www.oceanpress.com.cn

北京市海淀区大慧寺路 8 号　邮编：100081
中煤（北京）印务有限公司印刷　新华书店发行所经销
2021 年 11 月第 1 版　2021 年 11 月北京第 1 次印刷
开本：787mm×1092mm　1/16　印张：11.5
字数：220 千字　定价：158.00 元
发行部：010-62100090　邮购部：010-92100072　总编室：010-62100034
海洋版图书印、装错误可随时退换

《海洋无人自主观测装备发展与应用（载荷篇）》编著者名单

主要编著者： 范开国　郭　飞　何　琦　张坤鹏

　　　　　　　黄建国　鱼　蒙　宋　帅　徐　攀

　　　　　　　徐东洋

参与编著者：（按姓氏拼音排序）

　　　　　　　蔡　颂　陈书驰　杜　坤　方　芳

　　　　　　　韩丙寅　李宇翔　李岳阳　刘广健

　　　　　　　任丽秋　石新刚　施英妮　孙　文

　　　　　　　王鸿斌　韦道明　徐伯健

前　言

　　21 世纪是海洋的世纪，而海洋问题历来是国家的战略问题。维护海洋安全、控制海上交通线、争夺海洋资源和捍卫海洋权益等已经日趋复杂化，并呈现多元化发展态势。因此，在全球一体化的发展过程中，海洋作为综合发展的空间，其战略地位愈显重要。

　　海洋科学是以实践作为第一性的科学，海洋观探测是人类认识海洋的第一步，也是通向海洋科学殿堂的必由之路。海洋观探测是海洋科学理论发展的源泉，也是检验其真伪的标准。一直以来，与海洋相关的几乎所有重大进展都与观探测密切相关，海洋科技发展依赖于观测手段的不断完善，对海洋科学而言，观探测资料的不足，特别是大范围、准同步、深层次资料的空缺，一直是制约其发展的瓶颈。科学定量化认识远海深海，必须借助多种水下观测平台获取完备的海洋观测数据作为支撑。

　　随着世界各国海洋事业的迅猛发展，传统海洋观探测不能常态化和全球化，大规模的海洋综合观探测工作已全面深入开展，促使了海洋调查方法和装备技术需求的快速增长，国内外各种高精尖观探测装备跟随技术的潮流更新换代、层出不穷。海洋无人自主观测装备作为海洋观探测的一种不可替代的高科技先进装备和新兴装备，是海洋观探测装备摇篮中的新生命、新领域的开拓者和海洋国门的守卫者，受到了世界各海洋强国的广泛重视。海洋移动观测技术是未来构建立体、连续、实时的水下观测网络的重要技术手段，它可与潜标、海床基等水下固定平台智能优化配置，提高重点海域三维水体精细化探测与移动节点的导航定位精度，提升其通信中继、数据接驳与传输等能力，对科学定量化地认识海洋具有重要意义。

海洋无人自主观测装备的发展和使用，将会深刻影响未来海洋观探测的方式，了解和深刻体会海洋无人自主观测平台与载荷的国内外发展现状与趋势、主要分类、主流产品、主要应用领域和应用局限性等，对海洋无人自主观测装备的发展、利用和海洋环境观探测具有重要意义。

目前，海洋无人自主观测相关装备琳琅满目，其用途、型号、功能和规格各异，这些设备功能复杂、技术含量高，每一种装备都有它特定的应用空间和功能定位。《海洋无人自主观测装备发展与应用》丛书从平台和载荷两个方面出发，对其进行全面系统地整理和分类，基于平台和载荷两个不同方面明确各种海洋无人自主观测装备的功能和优劣，同时对相同或相近的不同型号的主流产品进行性能介绍、技术指标对比、应用分析和对比评述等，这不仅能有助于海洋科研工作者在海洋观探测及其各项实际海洋观探测工作的开展，达到事半功倍的效果，也有利于为海洋科研工作者和相关专业研究生、本科生等全面系统地了解海洋无人自主观测装备提供参考资料。

在本书资料收集整理、编写、校对、出版过程中，得到中国船舶工业系统工程研究院，中国船舶集团有限公司第七〇七研究所、第七一〇研究所、第七一四研究所、第七一五研究所，中国科学院声学研究所、沈阳自动化研究所，国家海洋技术中心，天津大学，中国海洋大学，哈尔滨工程大学，青岛海洋科学与技术国家试点实验室，南方海洋科学与工程广东省实验室（珠海），无锡海鹰加科海洋技术有限责任公司，劳雷（北京）仪器有限公司，苏州桑泰海洋仪器研发有限责任公司和中科探海（苏州）海洋科技有限责任公司等单位领导和专家的支持与指导，以及国内外众多海洋装备公司的协助和配合，在此一并致谢。

科技发展日新月异，在本书编写过程中，又会有不计其数的新技术、新装备不断涌现，加之本书作者的水平和时间有限，难免会在本书整理过程中出现错误和疏漏，欢迎读者批评指正。

作　者

2020 年 11 月 28 日于北京

目　录

第一章　概述 ……………………………………………………………… (1)

第一节　海洋无人自主观测平台简介 …………………………………… (1)

第二节　海洋无人自主观测载荷简介 …………………………………… (2)

第三节　海洋无人自主观测平台与载荷关系 …………………………… (2)

第四节　海洋立体综合观探测简介 ……………………………………… (3)

第二章　温盐深测量仪 …………………………………………………… (4)

第一节　概述 ……………………………………………………………… (4)

第二节　国内外发展现状与趋势 ………………………………………… (4)

一、国外发展现状与趋势 ………………………………………………… (4)

二、国内发展现状与趋势 ………………………………………………… (5)

三、主要差距 ……………………………………………………………… (5)

第三节　系统组成和工作原理 …………………………………………… (5)

一、主要组成 ……………………………………………………………… (5)

二、工作原理 ……………………………………………………………… (5)

第四节　主要分类 ………………………………………………………… (5)

第五节　主流产品介绍 …………………………………………………… (6)

一、美国 SeaBird 公司温盐深测量仪 …………………………………… (6)

二、加拿大 AML 公司温盐深测量仪 …………………………………… (9)

三、加拿大 RBR 公司温盐深测量仪 …………………………………… (11)

四、国家海洋技术中心温盐深测量仪 …………………………………… (11)

五、青岛道万公司温盐深测量仪 ………………………………………… (12)

第六节　主要应用领域 …………………………………………………… (13)

第七节　应用局限性 ……………………………………………………… (13)

第八节　实例应用 …………………………………………………………………… (13)

第三章　声学多普勒流速剖面仪 ………………………………………………… (14)

第一节　概述 ……………………………………………………………………………… (14)

第二节　国内外发展现状与趋势 ……………………………………………………… (14)

一、国外发展现状与趋势 ……………………………………………………………… (14)

二、国内发展现状与趋势 ……………………………………………………………… (15)

三、主要差距 ……………………………………………………………………………… (15)

第三节　系统组成和工作原理 ………………………………………………………… (16)

一、主要组成 ……………………………………………………………………………… (16)

二、工作原理 ……………………………………………………………………………… (16)

第四节　主要分类 ……………………………………………………………………… (17)

第五节　主流产品介绍 ………………………………………………………………… (18)

一、美国 RDI 公司声学多普勒流速剖面仪 ………………………………………… (18)

二、美国 LinkQuest 公司声学多普勒流速剖面仪 ………………………………… (31)

三、美国 RTI 公司声学多普勒流速剖面仪 ………………………………………… (32)

四、美国 SonTek 公司声学多普勒流速剖面仪 …………………………………… (37)

五、挪威 Nortek 公司声学多普勒流速剖面仪 …………………………………… (38)

六、挪威 AADI 公司声学多普勒流速剖面仪 ……………………………………… (39)

七、中国船舶集团有限公司第七一五研究所声学多普勒流速剖面仪 … (40)

八、中国科学院声学研究所声学多普勒流速剖面仪 ……………………………… (45)

九、无锡海鹰加科海洋技术有限责任公司声学多普勒流速剖面仪 …………… (48)

第六节　主要应用领域 ………………………………………………………………… (50)

第七节　应用局限性 …………………………………………………………………… (51)

第八节　实例应用 ……………………………………………………………………… (51)

第四章　多波束测深仪 …………………………………………………………… (53)

第一节　概述 ……………………………………………………………………………… (53)

第二节　国内外发展现状与趋势 ……………………………………………………… (53)

一、国外发展现状与趋势 ……………………………………………………………… (53)

二、国内发展现状与趋势 ……………………………………………………………… (54)

三、主要差距 ……………………………………………………………………………… (54)

第三节　系统组成和工作原理 ……………………………………………（55）

一、主要组成 ……………………………………………………………（55）

二、工作原理 ……………………………………………………………（55）

第四节　主要分类 …………………………………………………………（55）

第五节　主流产品介绍 ……………………………………………………（56）

一、美国 R2Sonic 公司多波束测深仪 …………………………………（56）

二、英国 Marine Electronic 公司多波束测深仪 ………………………（57）

三、英国 GeoAcoustics 公司多波束测深仪 ……………………………（58）

四、丹麦 Reson 公司多波束测深仪 ……………………………………（59）

五、挪威 Kongsberg Maritime 公司多波束测深仪 ……………………（64）

六、中国船舶集团有限公司第七一五研究所多波束测深仪 …………（65）

七、哈尔滨工程大学多波束测深仪 ……………………………………（67）

八、无锡海鹰加科海洋技术有限责任公司多波束测深仪 ……………（67）

九、中科探海（苏州）海洋科技有限责任公司多波束测深仪 ………（69）

十、北京海卓同创公司多波束测深仪 …………………………………（70）

十一、北京星天海洋公司多波束测深仪 ………………………………（71）

十二、广州中海达公司多波束测深仪 …………………………………（73）

第六节　主要应用领域 ……………………………………………………（76）

第七节　应用局限性 ………………………………………………………（76）

第八节　实例应用 …………………………………………………………（76）

第五章　侧扫声呐 …………………………………………………………（79）

第一节　概述 ………………………………………………………………（79）

第二节　国内外发展现状与趋势 …………………………………………（80）

一、国外发展现状与趋势 ………………………………………………（80）

二、国内发展现状与趋势 ………………………………………………（80）

三、主要差距 ……………………………………………………………（81）

第三节　系统组成和工作原理 ……………………………………………（81）

一、主要组成 ……………………………………………………………（81）

二、工作原理 ……………………………………………………………（81）

第四节　主要分类 …………………………………………………………（83）

第五节　主流产品介绍 ·· (83)

一、美国 Edgetech 公司侧扫声呐 ································ (83)

二、美国 Klein 公司侧扫声呐 ···································· (84)

三、北京海卓同创公司侧扫声呐 ································ (88)

四、北京蓝创海洋公司侧扫声呐 ································ (90)

五、北京星天科技公司侧扫声呐 ······························ (102)

六、广州中海达公司侧扫声呐 ···································· (103)

第六节　主要应用领域 ·· (108)

第七节　应用局限性 ·· (108)

第八节　实例应用 ·· (109)

第六章　合成孔径声呐 ··· (111)

第一节　概述 ·· (111)

第二节　国内外发展现状与趋势 ··· (111)

一、国外发展现状与趋势 ··· (111)

二、国内发展现状与趋势 ··· (112)

三、主要差距 ··· (112)

第三节　系统组成和工作原理 ·· (112)

一、主要组成 ··· (112)

二、工作原理 ··· (113)

第四节　主要分类 ·· (113)

第五节　主流产品介绍 ·· (113)

一、美国 Edgetech 公司合成孔径声呐 ························ (113)

二、加拿大 Kraken 声呐系统公司合成孔径声呐 ············ (113)

三、苏州桑泰海洋仪器研发有限责任公司合成孔径声呐 ····· (116)

四、中国船舶集团有限公司第七一五研究所合成孔径声呐 ····· (117)

五、中科探海(苏州)海洋科技有限责任公司合成孔径声呐 ····· (118)

第六节　主要应用领域 ·· (119)

第七节　应用局限性 ·· (119)

第八节　实例应用 ·· (120)

第七章　浅地层剖面仪 ……………………………………………（122）

　第一节　概述 ……………………………………………………（122）

　第二节　国内外发展现状与趋势 ………………………………（122）

　　一、国外发展现状与趋势 ………………………………………（122）

　　二、国内发展现状与趋势 ………………………………………（123）

　　三、主要差距 ……………………………………………………（123）

　第三节　系统组成和工作原理 …………………………………（123）

　　一、主要组成 ……………………………………………………（123）

　　二、工作原理 ……………………………………………………（124）

　第四节　主要分类 ………………………………………………（124）

　第五节　主流产品介绍 …………………………………………（125）

　　一、美国 Edgetech 公司浅地层剖面仪 ………………………（125）

　　二、法国 iXBlue 公司浅地层剖面仪 …………………………（125）

　　三、挪威 Kongsberg 公司浅地层剖面仪 ……………………（126）

　　四、中国科学院声学研究所东海站浅地层剖面仪 ……………（127）

　　五、中国船舶集团有限公司第七一五研究所浅地层剖面仪 …（128）

　　六、北京星天科技公司浅地层剖面仪 …………………………（129）

　第六节　主要应用领域 …………………………………………（130）

　第七节　应用局限性 ……………………………………………（131）

　第八节　实例应用 ………………………………………………（131）

第八章　海洋磁力仪 ………………………………………………（133）

　第一节　概述 ……………………………………………………（133）

　第二节　国内外发展现状与趋势 ………………………………（133）

　　一、国外发展现状与趋势 ………………………………………（133）

　　二、国内发展现状与趋势 ………………………………………（134）

　　三、主要差距 ……………………………………………………（134）

　第三节　系统组成和工作原理 …………………………………（134）

　　一、主要组成 ……………………………………………………（134）

　　二、工作原理 ……………………………………………………（134）

　第四节　主要分类 ………………………………………………（135）

第五节　主流产品介绍 ·· （135）

一、美国 Geometrics 公司海洋磁力仪 ······················ （135）

二、美国 JW Fishers 公司海洋磁力仪 ······················ （138）

三、加拿大 Marine Magnetics 公司磁力仪 ················ （140）

四、法国 iXBlue 公司海洋磁力仪 ······························ （143）

五、中国船舶集团有限公司第七一〇研究所海洋磁力仪 ········ （144）

六、中国船舶集团有限公司第七一五研究所海洋磁力仪 ········ （146）

第六节　主要应用领域 ·· （148）

第七节　应用局限性 ·· （149）

第八节　实例应用 ··· （149）

第九章　海洋重力仪 ··· （151）

第一节　概述 ··· （151）

第二节　国内外发展现状与趋势 ··· （151）

一、国外发展现状与趋势 ···································· （151）

二、国内发展现状与趋势 ···································· （152）

三、主要差距 ·· （153）

第三节　系统组成和工作原理 ··· （153）

一、主要组成 ·· （153）

二、工作原理 ·· （153）

第四节　主要分类 ··· （155）

第五节　主流产品介绍 ·· （155）

一、美国 Microg-LaCoste 公司海洋重力仪 ················ （155）

二、美国 ZLS 公司海洋重力仪 ······························ （156）

三、美国 DGS 公司海洋重力仪 ······························ （157）

四、加拿大 CMG 公司海洋重力仪 ··························· （159）

五、德国 Bodenseewerk 公司海洋重力仪 ··················· （160）

六、中国船舶集团有限公司第七〇七研究所海洋重力仪 ········ （161）

第六节　主要应用领域 ·· （162）

第七节　应用局限性 ·· （162）

第八节　实例应用 ··· （162）

第十章 总结与展望 ……………………………………………… （164）

第一节 总结 ………………………………………………………… （164）

一、海洋无人观测装备国外发展与应用现状 ……………………… （164）

二、海洋无人观测装备国内发展与应用现状 ……………………… （165）

三、我国与国外海洋无人观测装备发展的主要差距 ……………… （166）

第二节 展望 ………………………………………………………… （166）

参考文献 ………………………………………………………… （169）

第一章 概述

海洋对于我们人类，是潜力巨大的资源宝库，是生存和发展的战略空间，也是竞争与合作的重要舞台。2 000多年前，古罗马著名哲学家西塞罗说"谁控制了海洋，谁就控制了世界"。纵观世界历史，世界强国的崛起无不伴随着海洋科学技术的大发展。

在地理大发现时代，航海家们开始使用罗盘、六分仪、旋桨式风速风向仪、旋桨式海流计等原始设备，观测海洋并获取风、浪、流等海洋环境数据，支持海洋探险和航海开拓。直到19世纪，海洋学家们才开始带着他们研发或改进的回声测深仪、颠倒温度计、Ekman海流计，借助海洋调查船开始探测海洋、研究海洋、认识海洋，海洋科学逐渐发展成为一门自然学科。"二战"结束后，随着工业经济的快速发展，海洋科学技术也迎来了高速发展期，在一大批海洋研究机构的带领下，声学多普勒流速剖面仪（ADCP）、侧扫声呐、浅地层剖面仪、多波束测深仪、海洋磁力仪等设备获得发展，逐渐实现商业化生产，海洋观探测开始逐步走入无人自主观测时代。

进入21世纪后，随着海洋无人自主观测装备关键技术的突破，海洋无人自主观测装备快速发展，各国积极探索海洋无人观测技术的应用。温盐深测量仪（CTD）、前视声呐、侧扫声呐、合成孔径声呐、多波束测深仪、浅地层剖面仪等针对海洋无人观测平台开展了针对性的设计与开发，形成一批海洋无人观测平台专用载荷，促使海洋观探测大踏步迈向无人自主观测时代。

第一节 海洋无人自主观测平台简介

随着水下通信技术和传感器技术的日益完善，海洋监测方式逐渐由依靠大量人力资源的"探索模式"转化为依赖传感器自动采集数据的"观测模式"，以追求更长的监测时间和更广的覆盖空间，海洋无人观测平台就是在这种需求的驱动下应运而生。

经过多年发展，目前海洋无人自主观测平台种类丰富，包括水上的水面无人艇（USV）、表面漂流浮标、波浪滑翔机（Wave Glider），水下的无人自主水下潜航器（AUV）、水下滑翔机（Underwater Glider）、遥控无人潜水器（ROV）、自主遥控潜水器（ARV）和自沉浮式剖面浮标（Argo）等产品。其中，表面漂流浮标和 Argo 浮标属于无动力设备，主要是随流漂移，进行拉格朗日环流观测及温盐深观测。波浪滑翔机、水下滑翔机主要依靠净浮力和姿态角调整获得推进力，能源消耗极小。水面无人艇、自主水下潜航器、自主遥控潜水器等需要通过电池供电，相比滑翔器机动性较强。遥控无人潜水器由母船直接供电，不受能源限制，但由于与母船有电缆连接，其工作方式与工作距离受到限制，大多用于海洋工程作业。

第二节　海洋无人自主观测载荷简介

海洋无人自主观测平台因其不受时间和空间上的限制，具备快速部署和巡航观测能力，成为各国海洋观测的发展重点，但无人平台因受空间、功耗等限制，现有有人载体已使用的载荷设备往往不宜直接搭载。因此，各国投入大量人力、物力专门开展海洋无人自主观测平台载荷技术及装备研究，逐步建立起海洋无人自主观测平台的专用载荷装备体系。

目前，常见的海洋无人自主平台功能载荷有 CTD、ADCP、多波束测深仪、前视声呐、侧扫声呐、合成孔径声呐、浅地层剖面仪、海洋磁力仪和海洋重力仪等。其中，CTD、多波束测深仪、侧扫声呐、合成孔径声呐、浅地层剖面仪、海洋磁力仪等均已形成适于海洋无人自主观测平台应用的装备产品。而 ADCP 目前尚没有完全实现针对海洋无人自主观测平台的商业化产品，主要是海洋无人自主观测平台针对 ADCP 进行改造设计。CTD 因其温盐基本要素的测量需求迫切，加之其体积小、功耗低、质量轻、技术复杂度低，是目前最为常见的海洋无人自主观测平台载荷设备。

第三节　海洋无人自主观测平台与载荷关系

在众多的海洋无人自主观测平台中，除表面漂流浮标和 Argo 浮标可通过拉格朗日环流实现观测外，其余观测平台均需要通过搭载功能性载荷设备实现所需的海洋观测能力。

通常来说，海洋无人自主观测平台是载荷设备的母体，为载荷提供搭载空间、能源供给以及载荷工作所需辅助信息等，没有海洋无人自主观测平台的支撑，搭载载荷设备是难以单独工作的。相应地，未搭载观测载荷设备的海洋无人自主观测平台无法完成观测任务，不具备观测手段。因此，总的来说，海洋无人自主观测平台与载荷设备相互依赖，相辅相成，共同完成海洋观测任务。

第四节 海洋立体综合观探测简介

海洋立体综合观探测是利用多种技术手段，对海洋进行立体、综合、组网观测监测，观探测载体包括天上的海洋卫星，空中的遥感飞机，岸上的海洋观测台站、地波雷达站，海面上的海洋调查船、浮标、水面无人艇，水下的自主水下潜航器、水下滑翔机、自沉浮式剖面浮标、潜标、海底观测网等，形成"天—空—岸—海—潜"五位一体的观探测系统。其载体分布立体化、测量手段多样化，呈现出固定式与机动式观测装备相结合以及规模化、扩大化和多样化等特点，重视多元、多样、多时空尺度海洋环境数据的融合应用和面向用户的信息应用系统开发，是近年来世界各海洋强国中海洋观测系统建设的重点。

海洋立体综合观探测从 20 世纪 80 年代发展至今，开展了一系列研究计划，构建了多个覆盖全球或部分海域的海洋观测、监测系统。例如 1993 年，联合国教科文组织政府间海洋学委员会、世界气象组织、国际科学联合会理事会和联合国环境规划署发起并组织实施了全球海洋观测系统（GOOS）计划，形成了全球范围内的大尺度、长时间的海洋环境观测系统，目前已发展为 13 个区域性观测子系统，包括全球海平面观测、全球海洋漂流浮标观测、全球 Argo 浮标观测、国际海洋碳观测等多个专题的观测计划，实现了不同海洋要素的系统性观测。在 GOOS 等全球性或区域性海洋立体综合观探测计划引领下，目前国际海洋观测已进入多平台、多传感器集成的立体组网观探测时代，呈现出业务化观测系统与科学观测试验计划相结合、全球与区域相结合、"天—空—岸—海—潜"多技术手段相结合、国际合作数据贡献与共享相结合的综合性观测态势，逐步形成了全球海洋立体综合观探测系统，全球海洋观测能力稳步增强。

在国内各类专项经费支持下，经过多年发展，我国的海洋立体观探测系统已初步具备海洋立体观探测的雏形，形成了由海洋卫星、有人/无人机遥感飞机、海洋观测台站网、地波雷达站网、国家海洋调查船队、浮标网、潜标网、海底观测网和由水面无人艇、自主水下潜航器、水下滑翔机、波浪滑翔机、自沉浮式剖面浮标等观测装备组成的海洋机动观测系统。并且，随着海洋卫星观测手段趋于成熟，海洋观测数据传输效率大幅提高，海洋立体观测体系更趋完善，观探测海域已由覆盖我国近岸近海和管辖海域，逐步有序、有效地向深海、极地及大洋热点等海域扩展。

第二章　温盐深测量仪

第一节　概述

温盐深测量仪（CTD），是一种用于海水温度、盐度和水深测量的设备，根据以上三个参数，可计算出其他各种物理参数，如声速等。海水温度是海水物理性质的基本要素，采用摄氏温标（℃）表征。海水含盐量的定量度量，是海水最重要的理化特性。由于海水绝对盐度不能直接测量，目前国际通用的是1978年实用盐标，通过测量海水温度和电导率计算得出。温度常用铂电阻、铜电阻、热敏电阻等进行测量，电导率常用电导传感器进行测量。

目前，常用的温盐测量方法与海流类似，包括漂流测量法、定点测量法（可分为定点单点测量和定点剖面测量）和走航测量法。除此之外，还有一种独特的测量方式为抛弃式剖面测量法，这种方式需要专门的测量设备，它能够在快速下降的过程中实时测量海水的温度和电导率。目前，CTD已成为多数海洋无人自主观测平台搭载载荷设备的首选，众多主流厂家也针对海洋无人自主观测平台推出了专用型号载荷产品。

第二节　国内外发展现状与趋势

一、国外发展现状与趋势

CTD测量原理较为简单，技术较为成熟，全世界产品众多，研制生产厂家近百家，较为著名的公司有美国SeaBird公司、美国FSI公司、美国YSI公司、加拿大AML公司、加拿大RBR公司、加拿大Matocean公司、挪威Aanderaa公司、意大利Idronaut公司、英国Valeport公司等，其中以美国SeaBird公司的产品线最为全面，市场占有率最高。此外，美国斯克里普斯海洋研究所、日本TSK还研制了一种一次性的抛弃式温盐深测量仪，可快速获取敏感海域温盐深参数。

二、国内发展现状与趋势

国内 CTD 研究起步也较早，国家海洋技术中心、山东省科学院海洋仪器仪表研究所等众多单位均开展了相关研究，形成了较为完整的产品谱系。此外，在抛弃式温盐深测量仪领域，中国科学院声学研究所、西安天和防务等单位也研制了相关产品。

三、主要差距

总体而言，CTD 国内与国外差距较小。目前，国产 CTD 的差距主要体现在专用型、高精度、小型化、工艺和可靠性等方面，此外，针对 AUV 开发的 CTD 载荷尚在研制过程中。

第三节　系统组成和工作原理

一、主要组成

CTD 主要由温度探头、电导池以及电路板组成。探头一般为热敏元件或者压敏元件，与电导池一起安装在支架上。

二、工作原理

对于海水温盐深参数的测量，可以归结为一种物理量的测量。电导率 C 与一定海水水柱的电阻有关，可以通过流过电导池海水的电阻随海洋环境的变化来提取，温度 T 的变化通过热敏电阻直接测量，深度 D 一般通过压力测量计算得到，压力 P 测量采用应变式硅阻随深度变化得到。

第四节　主要分类

经过几十年的发展，CTD 产品众多，逐步形成了完整的产品谱系。CTD 常用的分类方式，主要从工作方式和数据读取两个角度进行分类。

从工作方式角度，CTD 可以分为悬浮式和走航式两种。悬浮式一般把 CTD 固定在浮球上，并通过锚系固定在海底，但这种方式容易受海水流动影响，造成测量数据的不准确。走航式一般把 CTD 固定在船上或其他载体上用以测量流

速，方便、灵活，实用性较高，但船体晃动会影响测量的准确性。

从数据读取角度，CTD 可分为自容式和直读式两种。其主要区别在于读取数据的过程不一样，自容式是把数据存储在存储器中，直读式是直接通过数据接口读出数据进行实时分析。

第五节　主流产品介绍

一、美国 SeaBird 公司温盐深测量仪

（一）美国 SeaBird 公司水下滑翔机专用 GPCTD

GPCTD 是 SeaBird 公司专门用于水下滑翔机研发的温盐深载荷，为消除水下滑翔机在航行中所特有的动态特性、边界层效应和尾流对 CTD 性能的影响，美国 SeaBird 公司在其 Argo 专用 CTD 设备的基础上，进行了结构改造，包括加装独特的流线型进水口和出水口、TC 导水管、泵及相应的管路，以适应水下滑翔机的不同需求。

该设备配碱性电池或锂电池，一个电池可分别供电 9.5 d 或 48 d，配有 8 MB 内存，既可自容式作业，也可实时作业。GPCTD 除 CTD 传感器外，还可以加装溶解氧传感器（图 2-1，表 2-1）。

表 2-1　美国 SeaBird 公司水下滑翔机专用 GPCTD 主要技术指标

指标项	电导率	温度	压力
测量范围	$0 \sim 9$ S/m（校准 $0 \sim 9$ S/m）	$-5 \sim +42$℃（校准 $+1 \sim +32$℃）	100 m/350 m/1 000 m/2 000 m（可选）
测量精度	$\pm 0.000\ 3$ S/m（校准范围外 $\pm 0.001\ 0$ S/m）	± 0.002℃（校准范围外 ± 0.004℃）	全量程的 $\pm 0.1\%$
稳定性	每月 $0.000\ 3$ S/m	每月 $0.000\ 2$℃	每年全量程的 $\pm 0.05\%$
分辨率	$0.000\ 1$ S/m	0.001℃	全量程的 0.002%

（二）美国 SeaBird 公司 Slocum 水下滑翔机 CTD

Slocum 水下滑翔机 CTD 是一款低功耗温盐深剖面仪，专为 Slocum 水下滑翔机而设计。其基于业务化观测任务收集的高精度数据可满足更新海洋模式、评

估锚系观探测设备稳定性和开展科学研究等（图 2-2）。

图 2-1　美国 SeaBird 公司水下滑翔机专用 GPCTD 示意图

图 2-2　美国 SeaBird 公司 Slocum 水下滑翔机 CTD 示意图

连续泵送的 CTD 在 0.5 Hz 连续采样频率下，每次仅消耗 240 mW，一个 C 型碱性电池就可支持 CTD 连续运行 37 h。在 50% 占空比下，30 d 的能耗仅是典型 Slocum 水下滑翔机碱性能量容量的 4.2%。采集数据可按照工程单位或者十进制形式输出（表 2-2）。

表 2-2　美国 SeaBird 公司 Slocum 水下滑翔机 CTD 主要技术指标

指标项	电导率	温度	压力
测量范围	0~9 S/m （校准 0~9 S/m）	-5~+42℃ （校准 +1~+32℃）	100 m/350 m/1 000 m/2 000 m （可选）
测量精度	±0.000 3 S/m （校准范围外 ±0.001 0 S/m）	±0.002℃ （校准范围外 ±0.004℃）	全量程的 ±0.1%
分辨率	0.000 1 S/m	0.001℃	全量程的 0.002%

（三）美国 SeaBird 公司 SBE 41 Argo CTD

SBE 41 Argo CTD 包括 SBE 41 和 SBE 41 CP，是为满足 Argo 浮标准确、高稳定性的温度、盐度测量而科学设计的，是 Argo 浮标标配 CTD，自研制成功以来已获得了大量高精度的观测数据。随着 Argo 浮标在全球的大面积部署，如今 SBE 41 Argo CTD 可以兼容各种新型或者改进型传感器，并可灵活配置到各种 Argo 浮标上（表 2-3，图 2-3）。

表 2-3　美国 SeaBird 公司 SBE 41 Argo CTD 主要技术指标

指标项	电导率	温度	压力
测量范围	0~7 S/m	−5~+45℃	0~2 000 m
测量精度	±0.000 3 S/m	±0.002℃	±2×10⁴ Pa
稳定性	每月 0.000 3 S/m	每年 0.000 2℃	每年 1×10⁴ Pa
分辨率	0.000 01 S/m	0.000 1℃	0.04×10⁴ Pa

图 2-3　美国 SeaBird 公司 SBE 41 Argo CTD 示意图

（四）美国 SeaBird 公司 SBE 61 深海 Argo CTD

SBE 61 深海 Argo CTD 是对 SBE 41/41 CP Argo CTD 的重新设计，专门设计可布放到 7 000 m 的 Argo 浮标上，并且改进了整个测量质量和稳定性，以满足深海研究的需要。每个 SBE 61 深海 Argo CTD 均进行了专门校准，确保电子稳定性和最小的漂移（表 2-4，图 2-4）。

表 2-4　美国 SeaBird 公司 SBE 61 深海 Argo CTD 主要技术指标

指标项	电导率	温度	压力
测量范围	0~9 S/m	−5~+35℃	0~7 000 m
测量精度	±0.000 2 S/m	±0.001℃	±4.5×10⁴ Pa
稳定性	每十年 0.002 S/m	每年 0.000 2℃	每年 0.8×10⁴ Pa
分辨率	0.000 05 S/m	0.000 1℃	全量程的 0.002%

图 2-4　美国 SeaBird 公司 SBE 61 深海 Argo CTD

二、加拿大 AML 公司温盐深测量仪

加拿大 AML 公司系列 CTD 分为实时和自容式两类，其中实时类主要包含 MICRO·X、SMART·X、METREC·X、bathy-METREC·X 等型号，加拿大 AML 公司系列 CTD 的主要技术指标和示意图见表 2-5 和图 2-5。自容式主要包含 BASE·X、BASE·X₂、MINOS·X、PLUS·X 等型号（表 2-6）。

表 2-5　加拿大 AML 公司系列 CTD 主要技术指标

指标项	范围	重复测量精度	精度	分辨率
电导率	0~70 mS/cm	±0.003 mS/cm	±0.01 mS/cm	0.001 mS/cm
声速（可升级）	1 375~1 625 m/s	±0.006 m/s	±0.025 m/s	0.001 m/s
压力（可升级）	最大 6 000 m	±0.03%F.S.	±0.05%F.S.	0.002%F.S.
温度	−2~32℃	±0.003℃	±0.005℃	0.001℃
盐度	0~42	±0.06	±0.01	0.001
密度	990~1 230 kg/m³	—	±0.027 kg/m³	0.001 kg/m³

表 2-6　加拿大 AML 公司系列 CTD 主要型号产品技术指标

型号		应用	传感器最大数量	传感器配置	尺寸/（直径×长度，mm）	可选其他传感器	材质与最大深度/m	空气中重量/kg	水中重量/kg
实时	MICRO·X	海水柜或者传感器安装应用	1	P1S1	33×240	无	塑钢 500 钛合金 6 000	0.24 0.39	0.09 0.25
	SMART·X	AUV、ROV 或其他潜器	3	P1S2	70×420	无	塑钢 500 钛合金 6 000	0.85 1.94	0.10 1.10
	METREC·X	ROV 或其他多参数实时设备	5	P2S2 P1S4	100×495	4	铝 6 000	5.00	3.00
	bathy-METREC·X	带 Digiquartz© 的高精度水深测量	5	P2S2/ P1S4	100×495	4	铝 6 000	5.00	3.00
自容	BASE·X	入门级浅水近海域的垂直剖面数据采集	2	P1S1	69×390	无	塑钢 100	1.20	0.50
	BASE·X$_2$（新）	新推出的 Base·X$_2$ 沿用了之前版本的尺寸，内置了 WiFi 连接和 GPS，数据自动下载	2	P1S1	69×390	无	塑钢 100	1.20	0.50
	MINOS·X	小船上作业的浅水垂直剖面测量	3	P1S2	76×565	2	塑钢 1 000 钛合金 6 000	2.22 4.63	0.70 3.11
	PLUS·X	剖面测量或者现场应用中的多参数测量，可同时测温盐深和声速	5	P2S2/ P1S4	100×881	4	6061 铝 5 000 7075 铝 6 000	5.36 5.36	2.91 2.91

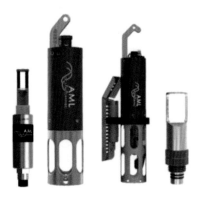

图 2-5　加拿大 AML 公司系列 CTD 示意图

三、加拿大 RBR 公司温盐深测量仪

加拿大 RBR 公司温盐深度测量仪 Concerto^3 通过测量水的电导率和温度来计算盐度,实现温度、电导(盐度、声速)、深度剖面的快速测量,并配置了深度通道,还可以获得密度异常和声速。Concerto^3 CTD 内置 128M 内存(3 000 万个数据)、8 节锂电(可定制加长外壳,电量加倍到 16 节电池)、6 Hz 快速采样,软开关临界启动功能、标准外壳耐压 740 m,可升级钛合金外壳最大耐压 2 000 m,直径 63.5 mm、长 320 mm、测量温度(精度 0.002℃)、电导(盐度,精度 0.003 mS/cm)和深度(精度 0.05%)。此外,还可以根据观探测需求,集成任意 3~13 种传感器(表 2-7,图 2-6)。

表 2-7 加拿大 RBR 公司 Concerto^3 CTD 主要技术指标

指标项	指标参数
尺寸	长度 270 mm,直径 64 mm 无传感器
重量	空气中 960 g,水中 430 g 不含传感器
采样周期	1 s 至 24 h
温度	测量范围:−5~35℃ 较精确度:±0.002℃(ITS-90 和 NIST 标准)
深度	范围:10 m/20 m/50 m/100 m/200 m/500 m/740 m(塑料外壳) 精度:满量程的 0.05%
电导率	量程:0~2 mS/cm(淡水)或 0~85 mS/cm(海水). 精度:±0.003 mS/cm,盐度 35,15℃

图 2-6 加拿大 RBR 公司 Concerto^3 CTD 示意图

四、国家海洋技术中心温盐深测量仪

目前,国家海洋技术中心在传感器的温盐深测量技术方面取得了很大突破,其载荷可靠性、稳定性等方面均得到大幅度提升,并逐步形成了船载、固定平

台、水下移动平台等 30 余型全自主化的产品。目前已经研制成功的 8 000 m OST15M 型船载高精度自容式 CTD、西风带浮标感应耦合传输 CTD 传感器、抗生物附着 CTD 等均达到国际先进水平（图 2-7）。

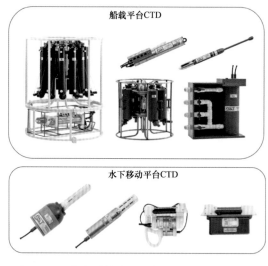

图 2-7　国家海洋技术中心自主研制 CTD 示意图

五、青岛道万公司温盐深测量仪

青岛道万 DW16 系列 CTD 属于一款可定制化的自主可控产品，外壳采用高强度材料设计，在恶劣的环境中可保持良好状态，可较好地满足国内用户的科研需求（表 2-8，图 2-8）。

表 2-8　青岛道万 DW16 系列温盐深仪主要技术指标

指标项	测量范围	测量精度	分辨率	漂移	响应时间
温度	−5~36℃	±0.002℃	0.000 1℃	每年 0.002℃	100 ms
压力	0~6 000×10⁴ Pa	±0.05%F. S.	0.002%F. S.	每年 0.05%F. S.	50 ms
电磁式电导率	0~75 mS/cm	±0.005 mS/cm	0.0001 mS/cm	每月 0.005 mS/cm	50 ms
电极式电导率	0~75 mS/cm	±0.003 mS/cm	0.0001 mS/cm	每月 0.003 mS/cm	50 ms

图 2-8　青岛道万 DW16 系列 CTD 示意图

第六节　主要应用领域

目前，CTD 主要应用于海洋调查、海气交换、环境监测、渔业研究和军事海洋等领域，是海洋应用领域最广泛的海洋仪器之一。

第七节　应用局限性

目前，CTD 设备温盐深观探测技术相对成熟。但在进行剖面测量时，主要通过快速下放和回收完成，其测量数据通常认为是同一时刻的剖面测量，其剖面测量无法精确到同一时刻。

第八节　实例应用

南海北部流花海域是海洋内波多发区，由于在温跃层附近内孤立波最为活跃，因此通过选择 2011 年 4 月期间距温跃层较远的 267 m 水深处 CTD 压力数据进行分析，以期对当地的正压潮汐有所认识（图 2-9）。通过对底部压力数据的调和分析，得到主要分潮调和常数和潮汐性质系数，进而分析得到当地潮汐是日潮为主的混合潮，其潮汐类型是不正规日潮，变化周期为 2 周。其在小潮期为典型的半日潮；在大潮期，又变为典型的日潮。特别需要指出的是，267 m 水深处 CTD 观测所得压力数据比实际压力小，近似等于实际压力。

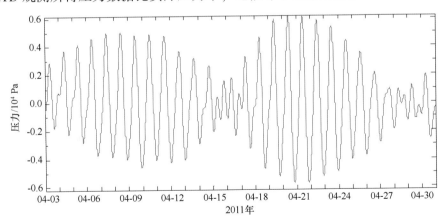

图 2-9　2011 年 4 月南海北部流花海域 267 m 水深处 CTD 观测压力变化曲线

第三章　声学多普勒流速剖面仪

第一节　概述

声学多普勒流速剖面仪（Acoustic Doppler Current Profiler，ADCP），是一种利用声学多普勒效应测量流速的仪器，它既可以测量设备相对水体运动速度，也可以测量设备相对水底的运动速度。由于 ADCP 采用声遥测方式工作，对被测流场无干扰，而且一次发射就可获得剖面内上百个分层的流速结果，大大提高了测流效率，因此 ADCP 已成为国际上最主要的流速测量手段之一。

ADCP 的工作频率通常为数万赫兹到几兆赫兹，最大测流的作用距离随着工作频率的降低或增加，最大可到上千米。ADCP 的工作方式主要有走航式和定点式。走航式主要由海洋调查船、无人水面艇、波浪滑翔机等和 UUV 等运动平台搭载；定点式主要安装在潜标、浮标和海床基等固定平台上。目前，尚无针对水下滑翔机这类小型海洋无人观测平台专门设计的微小型 ADCP。

第二节　国内外发展现状与趋势

一、国外发展现状与趋势

国外最早在 20 世纪 60 年代开始 ADCP 的探索研究，美国迈阿密大学海洋实验室与 Airpax 电子公司首先开展了声学多普勒测流技术研究。1976 年，第一款成熟的船用多普勒流速剖面仪由美国 Ametek 公司研制成功。1982 年，以多普勒声学在海洋中应用为主要研究方向的美国 RD Instruments（RDI）公司成立（RDI 公司于 2005 年被美国 Teledyne Technologies 集团收购，现在公司简称 TR-DI），并发布了一系列产品，其产品声波频率覆盖多个频段，适用于不同的水流条件，标志着多普勒测流技术进入商业化研究阶段，目前美国 RDI 公司生产的 38 kHz "相控宽带换能器阵" ADCP 已成功地测量了深度为 1 000 m 的海流剖面，三维底流探测达到 2 500~3 000 m，代表了世界上最先进的海流测量技术。

在 20 世纪 80 年代中后期，日本 Furuno、法国 Thomson、挪威 Aanderaa 公司等也相继推出了 ADCP 产品。但此时期的 ADCP 产品均采用窄带测流信号，称为窄带 ADCP。在 20 世纪 90 年代，ADCP 开始使用编码调制的宽带信号进行多普勒频移测量，美国 RDI 公司发明了全球第一款宽带多普勒流速剖面仪（BBADCP），相比窄带 ADCP，宽带 ADCP 的测流精度有了显著提高。此后，RD Instruments 公司使用相控阵技术推出了船载宽带相控阵 ADCP，使声学换能器体积和重量减少为常规换能器的 1/10。90 年代，美国 SonTek 公司（已被美国 YSI 公司收购）、挪威 Nortek 公司相继成立，发展形成了如今的主流供应商。目前，国外主流厂家包括美国 RDI 公司、美国 SonTek 公司、美国 linkquest 公司、挪威 Nortek 公司和挪威 Aanderaa 公司（已被美国 Xylem 公司收购），其中美国 RD Instruments 公司的产品市场占有率最高。近年来，国际上 ADCP 的技术主要发展方向包括：多频组合测流技术、低频长距离自容式测流技术，以及小型化低功耗测流技术，先后推出了波浪 ADCP、九波束多频 ADCP、55 kHz 自容式 ADCP 和小型化相控阵 ADCP 产品，并逐步在全球开始推广和应用。此外，针对盲区测量、垂直流速测量等问题，零层测量、五波束测量等先进技术被相继研发。

二、国内发展现状与趋势

国内 ADCP 研究起步稍落后于西方国家，国家海洋技术研究所于 1972 年开始就船载多普勒测流技术进行了研究，并于 1983 年在青岛海域利用脉冲锁相技术完成了整机海试。中国科学院声学研究所从 20 世纪 80 年代初就开始进行多普勒测速原理和技术的研究，在声回波多谱峰机制、宽带运动介质的反射散射特性等方面取得重要成果，并研制成功了工作频率从 75 kHz 到 1 200 kHz 的 SC 系列自容式 ADCP 和 DR 系列直读式 ADCP 产品，自 2014 年 ADCP 系列产品安装在潜标、浮标、海床基、UUV、无人船等平台上，在我国领海及太平洋、印度洋、大西洋和南北两极等区域实现了应用，2016 年 RIV-600 型河流 ADCP 通过了水利部新产品鉴定。中国船舶集团有限公司第七一五研究所基于船载相控阵 ADCP 研发基础，研制成功了工作频率从 38 kHz 到 150 kHz 的相控阵 ADCP，部分产品已经装备在我国的舰船上，开始实际使用。此外，哈尔滨工程大学、中海达公司等高校和企业也相继开展了国产 ADCP 的研究工作。

三、主要差距

综合国内外多普勒测流技术研究和相关设备的研发成果，国产 ADCP 与国

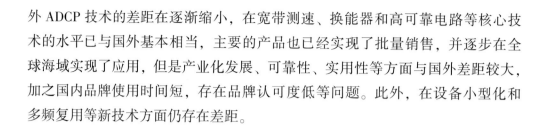

外 ADCP 技术的差距在逐渐缩小，在宽带测速、换能器和高可靠电路等核心技术的水平已与国外基本相当，主要的产品也已经实现了批量销售，并逐步在全球海域实现了应用，但是产业化发展、可靠性、实用性等方面与国外差距较大，加之国内品牌使用时间短，存在品牌认可度低等问题。此外，在设备小型化和多频复用等新技术方面仍存在差距。

第三节　系统组成和工作原理

一、主要组成

ADCP 主要由换能器、信号处理单元、温度和姿态传感器，以及水密外壳和传输电缆等组成。换能器主要实现声信号和电信号的转换；电子单元主要实现信号发射、接收、数据采集、数据处理、数据存储等功能；温度传感器主要用于声速修正，姿态传感器主要用于流速结果的方向和姿态校正。

其中，具体到走航式 ADCP 主要由换能器基阵、阻抗匹配盒和干端电子机箱、软件、专用电缆等部分组成，其中水下换能器基阵通常安装于船底，并且配装水箱，水箱内部填充淡水或蒸馏水；阻抗匹配盒与电子机箱舱内安装，换能器基阵和阻抗匹配盒、阻抗匹配盒与电子机箱间用专用电缆连接。而自容式 ADCP 主要由换能器、电路板、电池、罗经等部分组成，其中换能器进行声波发射与接收，电路板用于数据采集、解算与存储，电池用于供电，罗经主要用于 ADCP 姿态控制及流向解算。

二、工作原理

ADCP 的基本原理是利用声学多普勒效应进行流速测量。它突破传统机械转动为基础的传感流速仪，用声波换能器作为传感器，换能器发射声脉冲波，声脉冲波通过水体中不均匀分布的泥沙颗粒、浮游生物等水中散射体返回的回波信号，由换能器接收信号，利用海流对发射声波的回波信号测定多普勒频移而测算出流速。

根据多普勒原理，当 ADCP 和散射体之间存在相对运动，发射声波与散射回波频率之间就产生了多普勒频移，利用多普勒频移即可解算出 ADCP 与水体之间的相对速度。目前，国际上 ADCP 主要采用的是宽带测速技术，由多个相同伪随机子序列组成的复杂编码发射信号，利用复协方差法估计回波信号的多普勒频移。

ADCP 测流时基于两个假设：一是，水体中包含的反射声波信号散射体随着水流做同步运动，散射体和水流应具有相同的运动速度；二是，ADCP 所有波束都在测量同一个流速矢量（通常情况下 ADCP 仪器具有 4 个波束），即 ADCP 所有波束形成的作用范围内水平面上的流速是不变的。

通常 ADCP 采用收发合置水声换能器，水声换能器向水中发射信号时，换能器是声源，散射体是观察者，这时发生一次多普勒频移；当换能器接收回波信号时，换能器和散射体的角色发生了变化，即散射体是声源，换能器是观察者，这时又发生了一次频移，所以总的回波多普勒频移是两次频移的总和。

第四节　主要分类

ADCP 经过几十年的发展，产品众多。常用的分类方式，主要从工作原理、换能器阵类型、工作方式和数据读取四个角度进行分类。

从工作原理角度，按照信号的发射方式和处理方法，ADCP 可以分为宽带ADCP、相控阵 ADCP、窄带 ADCP。宽带模式的流速测量范围宽、剖面深度大、精度高，适用于大多数情况。相控阵模式适用于水浅，流速小的情况。窄带模式适用于特别大的水深测量情况，其测量精度较低。不过随着 RDI 宽带专利的到期，目前大部分 ADCP 都可以通过软件配置选择宽带模式和窄带模式。

从换能器阵的角度，ADCP 可以分为常规阵/活塞阵 ADCP 和相控阵 ADCP，常规阵 ADCP 采用 4 个单独的换能器形成 4 个声学波束，而相控阵 ADCP 采用电子波束形成技术由一个多基元换能器阵形成布置成平面阵，并通过相控的方式形成斜正交的 4 个声波束进行信号的发射与接收。两者相比，常规阵换能器体积较大，但加工简单、环境适应性较好；相控阵换能器体积小、重量轻，但加工复杂。

从工作方式角度，ADCP 可以分为坐底式、悬浮式、走航式、拖曳式和水平测量式。坐底式一般 ADCP 由固定支架固定在水底，减少 ADCP 的晃动，保证测量数据的准确性。悬浮式一般把 ADCP 固定在浮球上，并通过锚系固定在海底，但这种方式容易受海水流动影响，造成测量数据的不准确。走航式一般把 ADCP 固定在船上或其他载体上用以测量流速，方便、灵活，实用性较高，但船体晃动、噪声会影响测量的准确性。拖曳式一般把 ADCP 固定在拖体上，由船舶拖动测量，可以有效减少船舶对仪器的干扰。水平测量式 ADCP 一般用于重要的海底以及河口等重要区域的流速测量。

从数据读取角度，ADCP可分为自容式和直读式两种。这两种的主要区别在于读取数据的过程不一样，自容式是把数据存储在存储器中，直读式是直接通过数据接口读出数据进行实时分析。

第五节　主流产品介绍

一、美国RDI公司声学多普勒流速剖面仪

（一）美国RDI公司Ocean Surveyor系列ADCP（表3-1，图3-1）

这是RDI公司近年来推出的一种崭新船载测流系统，它的声学换能器由数百个小基元组成，通过以相控阵原理为基础的波束形成电路构成4个声波束。由于电子相控技术的应用，声学换能器的体积和重量大为减小，仅为常规换能器的1/4左右，从而简化了换能器船底安装的结构，适用于走航观测。该类设备有38 kHz、75 kHz和150 kHz三种频率的产品，是目前国际上最主流的船载测流设备。

表3-1　美国RDI公司Ocean Surveyor系列ADCP主要技术指标

指标项		指标参数					
剖面测量	大量程模式	38 kHz		75 kHz		150 kHz	
	层厚	量程	准确度	量程	准确度	量程	准确度
	4 m					>350 m	30 cm/s
	8 m			>650 m	30 cm/s	>400 m	16 cm/s
	16 m	>1 000 m	30 cm/s	>700 m	16 cm/s		
	24 m	>1 000 m	20 cm/s				
	高分辨率模式	38 kHz		75 kHz		150 kHz	
	层厚	量程	准确度	量程	准确度	量程	准确度
	4 m					>225 m	15 cm/s
	8 m			<425 m	15 cm/s	>250 m	8 cm/s
	16 m	>900 m	15 cm/s	>450 m	7 cm/s		
	24 m	>950 m	10 cm/s				

续表 3-1

指标项		指标参数		
剖面参数	流速分辨率	±1.0%±0.5 cm/s	±1.0%±0.5 cm/s	±1.0%±0.5 cm/s
	流速量程	-5~9 m/s	-5~9 m/s	-5~9 m/s
	层数	1~128	1~128	1~128
	最高频率	0.4 Hz	0.7 Hz	1.5 Hz
底跟踪	最大深度（准确度<2 cm/s）	1 700 m	950 m	540 m
回声强度	垂直分辨率	与层厚一致		
	动态范围	80 dB		
	精度	±1.5 dB		
传感器和硬件	波束角	30°		
	换能器结构	4 束相控换能器		
	通信及输出	RS-232 或 RS-422 ASCII 或二进制格式输出 输出 1 200~115 200 bps		
供电	电压	90~250 VAC，47~63 Hz		
	功率	1 400 W		
标准配备传感器	温度传感器	量程：-5~45℃；精度：±0.1℃；分辨率：0.03℃		
	软件	VMDAS——数据采集；WinADCP——数据显示与导出		
环境要求	工作温度	-5~45℃		
	存储温度	-30~60℃		
	尺寸	38 kHz：直径 914.4 mm；75 kHz：直径 480 mm；150 kHz：直径 305 mm		

图 3-1　美国 RDI 公司 Ocean Surveyor 系列 ADCP 海流剖面仪示意图

（二）美国 RDI 公司 WorkHorse Mariner 系列 ADCP（表 3-2，图 3-2）

WorkHorse Mariner 系列 ADCP 是美国 RDI 公司研制的高频常规阵船载 ADCP 产品，由于工作频率较高时，相控阵加工难度太大，且减小的尺寸和重量有限，因此高频船载 ADCP 采用了常规换能器阵。WorkHorse Mariner 系列 ADCP 主要针对测流距离在 150 m 以内、需要精细分层的测流需求，主要有 1 200 kHz、600 kHz 和 300 kHz 三种工作频率的产品。

表 3-2　美国 RDI 公司 WorkHorse Mariner 系列 ADCP 主要技术指标

指标项		指标参数					
剖面测量	高分辨率模式	1 200 kHz		600 kHz		300 kHz	
	层厚	量程	标准方差	量程	标准方差	量程	标准方差
	0.25 m	11 m	14.0 cm/s				
	0.5 m	12 m	7.0 cm/s	38 m	14.0cm/s		
	1 m	13 m	3.6 cm/s	42 m	7.0 cm/s	83 m	14.0 cm/s
	2 m	15 m	1.8 cm/s	46 m	3.6 cm/s	93 m	7.0 cm/s
	4 m			51 m	1.8 cm/s	103 m	3.6 cm/s
	8 m					116 m	1.8 cm/s
	大量程模式	1 200 kHz		600 kHz		300 kHz	
	层厚	量程	标准方差	量程	方差	量程	标准方差
	2 m	19 m	3.4 cm/s				
	4 m			66 m	3.6 cm/s		
	8 m					154 m	3.7 cm/s
剖面参数	流速准确度	0.3%V±0.3 cm/s（V 为所测流速）				0.5%V±0.5 cm/s	
	流速分辨率	0.1 cm/s					
	流速量程	标准±5 m/s，最大±20 m/s					
	层数	1~128					
	最大频率	2 Hz					
底跟踪	最大深度	27 m		99 m		253 m	
	最小深度	0.8 m		1.4 m		2.0 m	
回声强度	垂直分辨率	与层厚一致					
	动态范围	80 dB					
	精度	±1.5 dB					

续表 3-2

指标项		指标参数
传感器和硬件	波束角	20°
	换能器结构	4 束换能器
	倾斜范围	15°
	通信及输出	RS-232 ASCII 或二进制格式输出 输出 1 200~115 200 bps
供电	外部直流输入	20~50 VDC
	甲板单元输入	90~250 VAC 或 12~50 VDC
	甲板单元输出	48 VDC
标准配备传感器	温度仪	量程：-5~45℃；精度：±0.4℃；分辨率：0.01℃
	姿态仪	量程：±15°；准确度：±0.5°；精度：±0.5°；分辨率：0.01°
	罗经	准确性：±2°；精度：±0.5°；分辨率：0.01°；最大倾斜：±15°
	软件	VMDAS——数据采集；WinADCP——数据显示与导出
环境要求	工作温度	-5~45℃
	存储温度	-30~60℃
重量	空气中重量	10.7 kg
	水中重量	8.1 kg
尺寸		311.1 mm×217.4 mm（宽×长）

图 3-2　美国 RDI 公司 WorkHorse Mariner 系列 ADCP 示意图

（三）美国 RDI 公司 WorkHorse LongRanger 系列 ADCP（表 3-3，图 3-3）

WorkHorse LongRanger 系列 ADCP 是美国 RDI 公司研制的中低频自容式 AD-CP，工作频率为 75 kHz，测流距离可达 600 m，是目前国际上最主流的定点测流设备，在潜标和浮标平台上得到了广泛应用。该系列 ADCP 既有带电池舱自容工作的产品，也有不带电池舱的，可连接电缆，用于直读测量和走航测量的产品。

表 3-3　美国 RDI 公司 WorkHorse LongRanger 系列 ADCP 主要技术指标

指标项		指标参数		
高分辨率模式（宽带）	层厚	标准方差		量程
	4 m	15 cm/s		432 m
	8 m	7.6 cm/s		465 m
	16 m	3.9 cm/s		503 m
	32 m	2.0 cm/s		545 m
大量程模式（窄带）	4 m	29 cm/s		525 m
	8 m	14.6 cm/s		560 m
	16 m	7.6 cm/s		600 m
	32 m	3.9 cm/s		644 m
剖面参数	流速准确度	$\pm1\%V\pm0.5$ cm/s		
	流速分辨率	0.1 cm/s		
	流速量程	标准±5 m/s，最大±10 m/s		
	层厚	4~32 m		
	层数	1~255		
	频率	1 Hz		
回声强度	垂直分辨率	与层厚一致		
	动态范围	80 dB		
	精度	±1.5 dB		
硬件及通信	波束角	20°		
	波束宽度	4°		
	换能器	4 束凸起型		
	通信及输出	RS-232 或 RS-422，ASCII 或二进制格式输出，输出 1 200~115 200 bps		

指标项		指标参数
传感器	温度仪	量程：-5~45℃；精度：±0.4℃；分辨率：0.01℃
	姿态仪	量程：±15°；准确度：±0.5°；精度：±0.5°；分辨率：0.01°
	罗经	准确度：±2°；精度：±0.5°；分辨率：0.01°；最大倾斜：±15°
	压力传感器	量程：2 000 m；准确度：0.25%F.S.
供电	电压	20~50VDC
	内带电池	电池容量共 1 800 W·h
环境要求	工作温度	-5~45℃
	存储温度	-30~60℃（不带电池）
	工作水深	1 500 m，可选 3 000 m
重量	空气中重量	带电池 86 kg，直读式（不带电池）58 kg
	水中重量	带电池 55 kg，直读式（不带电池）36 kg

图 3-3　美国 RDI 公司 WorkHorse LongRanger 系列 ADCP 示意图

（四）美国 RDI 公司 WorkHorse QuarterMaster 系列 ADCP（表 3-4，图 3-4）

WorkHorse QuarterMaster 系列 ADCP 是美国 RDI 公司的中频自容式 ADCP 产品，工作频率为 150 kHz，测流距离可达 300 m，填补 300 kHz 和 75 kHz 之间的空白，它兼顾了前者的高准确度与后者的大量程特性，适合于定点和走航观测。

表3-4　美国 RDI 公司 WorkHorse QuarterMaster 系列 ADCP 主要技术指标

指标项		指标参数			
高分辨率模式（宽带）	层厚	标准方差	第一层量程	量程	
	4 m	7.0 cm/s	8.9 m	210 m	
	8 m	3.5 cm/s	12.8 m	235 m	
	16 m	1.8 cm/s	20.6 m	255 m	
	24 m	1.2 cm/s	28.4 m	270 m	
大量程模式（窄带）	4 m	14 cm/s	8.8 m	275 m	
	8 m	7.0 cm/s	12.7 m	300 m	
	16 m	3.6 cm/s	20.5 m	325 m	
	24 m	2.5 cm/s	28.7 m	340 m	
底跟踪	最大深度	540 m			
剖面参数	流速准确度	$\pm 1\%V \pm 0.5$ cm/s			
	流速分辨率	0.1 cm/s			
	流速量程	标准± 5 m/s，最大± 10 m/s			
	层厚	2~24 m			
	层数	1~255			
	频率	1 Hz			
回声强度	垂直分辨率	与层厚一致			
	动态范围	80 dB			
	精度	± 1.5 dB			
硬件及通信	波束角	20°			
	波束宽度	4°			
	换能器	4 束凸起型			
	通信及输出	RS-232 或 RS-422，ASCII 或二进制格式输出，输出 1 200~115 200 bps			
传感器	温度仪	量程：-5~45℃；精度：±0.4℃；分辨率：0.01℃			
	姿态仪	量程：±15°；准确度：±0.5°；精度：±0.5°；分辨率：0.01°			
	罗经	准确度：±2°；精度：±0.5°；分辨率：0.01°；最大倾斜：±15°			
	压力传感器	量程：2 000 m；准确度：0.25%F.S.			

指标项		指标参数
供电	电压	20~50 VDC
	内带电池	2 块 42 V，电池容量共 900 W·h
环境要求	工作温度	−5~45℃
	存储温度	−30~60℃（不带电池）
	工作水深	1 500 m，可选 3 000 m、6 000 m
重量	空气中重量	带 2 电池 56 kg，带 4 电池 70 kg
	水中重量	带 2 电池 30 kg，带 4 电池 38 kg

图 3-4　美国 RDI 公司 WorkHorse QuarterMaster 系列 ADCP 示意图

（五）美国 RDI 公司 WorkHorse Sentinel 系列 ADCP（表 3-5，图 3-5）

WorkHorse Sentinel ADCP 是美国 RDI 公司的中高频自容式 ADCP 产品，主要针对测流距离在 150 m 以内、需要精细分层的测流需求，是目前国际上最主流的中高频海洋测流设备，主要有 1 200 kHz、600 kHz 和 300 kHz 三种工作频率的产品，与 WorkHorse LongRanger 系列和 WorkHorse QuarterMaster 系列 ADCP 实现互补。该系列 ADCP 既可进行自容式测量，也可连接电缆，用于直读式测量，还可进行走航测量。

表 3-5　美国 RDI 公司 WorkHorse Sentinel 系列 ADCP 主要技术指标

指标项		指标参数						
剖面测量	高分辨率模式	1 200 kHz		600 kHz		300 kHz		
	层厚	量程	标准方差	量程	标准方差	量程	标准方差	
	0.25 m	11 m	14.0 cm/s					
	0.5 m	12 m	7.0 cm/s	38 m	14.0 cm/s			
	1 m	13 m	3.6 cm/s	42 m	7.0 cm/s	83 m	14.0 cm/s	
	2 m	15 m	1.8 cm/s	46 m	3.6 cm/s	93 m	7.0 cm/s	
	4 m			51 m	1.8 cm/s	103 m	3.6 cm/s	
	8 m					116 m	1.8 cm/s	
	大量程模式	1 200 kHz		600 kHz		300 kHz		
	层厚	量程	标准方差	量程	标准方差	量程	标准方差	
	2 m	19 m	3.4 cm/s					
	4 m			66 m	3.6 cm/s			
	8 m					154 m	3.7 cm/s	
剖面参数	流速准确度	0.3%V±0.3 cm/s（V 为所测流速）				0.5%V±0.5 cm/s		
	流速分辨率	0.1 cm/s						
	流速量程	标准±5 m/s，最大±20 m/s						
	层数	1~255						
	最大频率	10 Hz						
回声强度	垂直分辨率	与层厚一致						
	动态范围	80 dB						
	精度	±1.5 dB						
传感器和硬件	波束角	20°						
	换能器结构	4 束换能器						
	倾斜范围	15°						
	通信及输出	RS-232 或 RS-422 ASCII 或二进制格式输出 输出 1 200~115 200 bps						
供电	电压	20~50 VDC						

续表 3-5

指标项		指标参数
标准配备传感器	温度仪	量程：-5~45℃；精度：±0.4℃；分辨率：0.01℃
	姿态仪	量程：±15°；准确度：±0.5°；精度：±0.5°；分辨率：0.01°
	罗经	准确度：±2°；精度：±0.5°；分辨率：0.01°；最大倾斜：±15°
软件		WinSC——数据采集；WinADCP——数据显示与导出
环境要求	工作水深	200 m，可选 500 m、1 000 m、6 000 m
	工作温度	-5~45℃
	存储温度	-30~60℃（不带电池）
重量	空气中重量	13 kg
	水中重量	4.5 kg
尺寸		228 mm×405.5 mm（宽×长）
可选		底跟踪

图 3-5 美国 RDI 公司 WorkHorse Sentinel 系列 ADCP 示意图

（六）美国 RDI 公司 Sentinel V 系列 ADCP（表 3-6，图 3-6）

Sentinel V 系列 ADCP 是在 Sentinel 系列 ADCP 基础上发展出的一个新系列产品，继承了 Workhorse 系列的独有宽带专利技术，并在硬件和软件设计上进行了改进。Sentinel V 系列 ADCP 硬件上可配置第 5 波束换能器，进行垂直流速剖面测量，获取高分辨率回波强度剖面，实现湍流测量等功能。它可以适用于走航、定点观测。包括 V20（1 000 kHz）、V50（500 kHz）和 V100（300 kHz）三种频率的产品。

表 3-6　美国 RDI 公司 Sentinel V 系列 ADCP 主要技术指标

指标项		指标系数					
		V20（1 000 kHz）		V50（500 kHz）		V100（300 kHz）	
		层厚	量程 （宽/窄带） /m	标准方差 /（cm/s）	量程 （宽/窄带） /m	标准方差 /（cm/s）	量程 （宽/窄带） /m	标准方差 /（cm/s）
剖面 测量		0.3 m	19.3/24.0	6.6/12.5				
		0.5 m	20.6/25.3	4.3/8.0	45.0/58.6	11.5/21.8		
		1.0 m	22.4/27.3	2.1/4.0	51.5/65.6	4.3/8.0	96.3/122.6	6.5/12.3
		2.0 m	24.8/29.8	1.0/1.9	57.0/71.6	2.1/4.0	105.3/132.4	3.3/6.2
		4.0 m			64.2/79.3	1.0/1.9	116.5/144.3	1.6/3.1
		6.0 m					121.7/151.5	1.1/2.0
剖面 参数	流速准确度	0.3%V±0.3 cm/s（V 流速）				0.5%V±0.5 cm/s	
	流速分辨率	0.1 cm/s					
	流速量程	5 m/s 标准，20 m/s 最大					
	最大频率	4 Hz					
回声 强度	垂直分辨率	与层厚一致					
	动态范围	80 dB					
	精度	±1.5 dB					
传感器 和硬件	波束角	25°					
	换能器结构	4 束凸起，第 5 束垂直					
	工作深度	200 m					
供电	电压	12~20 VDC					
	内带电池	18 VDC，100 W·h					
传感器	温度传感器	量程：−5~45℃；准确度：±0.4℃；分辨率：0.1℃					
	罗经	量程：0~360°；准确度：2° RMS；分辨率：0.1°					
	姿态仪	横摇：±180°；纵摇：±90°；准确度：2° RMS；分辨率：0.1°					
	压力传感器	量程：300 m；准确度：0.1%					
	软件	Ready V、Ready V Lite、Velocity					
环境 要求	工作温度	−5~45℃					
	存储温度	−30~60℃（不带电池）					
重量	空气中重量	7.5~16.0 kg					
	水中重量	1.6~6.0 kg					

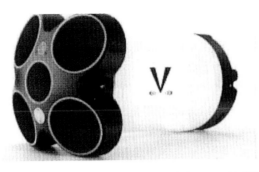

图 3-6 美国 RDI 公司 Sentinel V 系列 ADCP 示意图

（七）美国 RDI 公司 WorkHorse Monitor 系列 ADCP（表 3-7、图 3-7）

WorkHorse Monitor 系列 ADCP 是美国 RDI 公司研制的适用于水深 200 m 以内浅水域的直读式海流剖面仪。可以走航式、锚系式、坐底式、水面固定式安装测量，是港口、航道、石油平台周围实时流场监测的理想仪器。该系列包括 1 200 kHz、600 kHz 和 300 kHz 三种频率的产品。

表 3-7　美国 RDI 公司 WorkHorse Monitor 系列 ADCP 主要技术指标

指标项		指标参数					
	高分辨率模式	1 200 kHz		600 kHz		300 kHz	
	层厚	量程	标准方差	量程	标准方差	量程	标准方差
剖面测量	0.25 m	11 m	14.0 cm/s				
	0.5 m	12 m	7.0 cm/s	38 m	14.0 cm/s		
	1 m	13 m	3.6 cm/s	42 m	7.0 cm/s	83m	14.0cm/s
	2 m	15 m	1.8 cm/s	46 m	3.6 cm/s	93 m	7.0 cm/s
	4 m			51 m	1.8 cm/s	103 m	3.6 cm/s
	8 m					116 m	1.8 cm/s
	大量程模式	1 200 kHz		600 kHz		300 kHz	
	层厚	量程	标准方差	量程	标准方差	量程	标准方差
	2 m	19 m	3.4 cm/s				
	4 m			66 m	3.6 cm/s		
	8 m					154 m	3.7 cm/s

指标项		指标参数	
剖面参数	流速准确度	0.3%V±0.3 cm/s（V为所测流速）	0.5%V±0.5 cm/s
	流速分辨率	0.1 cm/s	
	流速量程	标准±5 m/s，最大±20 m/s	
	层数	1~128 层	
	最大频率	2 Hz	
回声强度	垂直分辨率	与层厚一致	
	动态范围	80 dB	
	精度	±1.5 dB	
传感器和硬件	波束角	20°	
	换能器结构	4 束换能器	
	倾斜范围	15°	
	通信及输出	RS-232 或 RS-422 ASCII 或二进制格式输出 输出 1 200~115 200 bps	
供电	电压	20~50 VDC	
标准配备传感器	温度仪	量程：-5~45℃；精度：±0.4℃；分辨率：0.01℃	
	姿态仪	量程：±15°；准确度：±0.5°；精度：±0.5°；分辨率：0.01°	
	罗经	准确度：±2°；精度：±0.5°；分辨率：0.01°；最大倾斜：±15°	
	软件	WinSC——数据采集；WinADCP——数据显示与导出	
环境要求	工作水深	200 m，可选 500 m、1 000 m、6 000 m	
	工作温度	-5~45℃	
	存储温度	-30~60℃	
重量	空气中重量	7 kg	
	水中重量	3 kg	
	尺寸	228 mm×201.5 mm（宽×长）	
	可选	底跟踪	

图 3-7　美国 RDI 公司 WorkHorse Monitor 系列 ADCP 示意图

二、美国 LinkQuest 公司声学多普勒流速剖面仪

FlowQuest 系列 ADCP 是美国 LinkQuest 公司的产品，采用了精确声学多普勒测速技术、低功耗 DSP 技术，以及宽带声学扩频技术，适用于走航和定点观测方式。该系列包括 75 kHz、150 kHz、300 kHz、600 kHz、1 MHz 和 2 MHz 六种频率的产品，与 RDI 公司的产品相比，其市场价格较低（表 3-8，图 3-8）。

表 3-8　美国 LinkQuest 公司 FlowQuest 系列 ADCP 主要技术指标

指标项		指标参数					
		75 kHz	150 kHz	300 kHz	600 kHz	1 MHz	2 MHz
剖面	量程	900 m	500 m	230 m	100 m	40 m	20 m
	最大层厚	32 m	16 m	8 m	4 m	2 m	1 m
	工作水深	800 m，可选 1 500 m、3 000 m、6 000 m					
	最大功率传输模式	800 W	400 W	200 W	100 W	50 W	20 W
	盲区	3.8 m	2.8 m	1.4 m	0.7 m	0.4 m	0.2 m
流速	准确度	$\pm 1.0\%V\pm 5$ mm/s		$\pm 0.5\%V$ ± 5 mm/s	$\pm 0.25\%V\pm 2$ mm/s		
	层厚	4~32 m	2~16 m	1~8 m	0.5~4 m	0.25~2 m	0.125~1 m
	最大流速	20 kn					
	单元数	170					
	频率	1 Hz	2 Hz	2 Hz	2 Hz	5 Hz	10 Hz
底跟踪	最大深度	—	500 m	300 m	130 m	60 m	30 m
	最小深度	—	2.4 m	1.2 m	0.7 m	0.35 m	0.2 m
	准确度	$\pm 1.0\%V\pm 4$ mm/s		$\pm 1.0\%V$ ± 2 mm/s	$\pm 1.0\%V\pm 1$ mm/s		

续表 3-8

指标项		指标参数					
		75 kHz	150 kHz	300 kHz	600 kHz	1 MHz	2 MHz
硬件	换能器	4 波束，凸型					
	波束角	22°					
	通信	RS-232 或 RS-422					
工作水深		800 m，可选 1 500 m、3 000 m、6 000 m					
空气中重量		40 kg	22.7 kg	16.2 kg（带电池） 9.2 kg（不带电池）		8.9 kg（带电池） 3.2 kg（无电池）	
水中重量		26 kg	13.6 kg	7.2 kg（带电池） 4.2 kg（不带电池）		4.1 kg（带电池） 1.4 kg（无电池）	
长度		47 cm	25 cm	36 cm（带电池） 21 cm（不带电池）		70 cm（带电池） 21 cm（无电池）	
头部直径		58 cm	40 cm	20.0 cm（尾部）		12.6 cm	

图 3-8　美国 LinkQuest 公司 FlowQuest 系列 ADCP 示意图

三、美国 RTI 公司声学多普勒流速剖面仪

（一）美国 RTI 公司 SeaProfiler ADCP（表 3-9，图 3-9）

美国 RTI 公司 SeaProfiler ADCP 是最通用的 RTI 海流剖面仪，可自容、可直读（除 75 kHz，它仅有自容式），适用于浅水、沿海和深海（3 000 m 或 6 000 m）。它是采用最新科技的声学多普勒声呐和多用途系统，能高效、准确地测量水体流速剖面和水中载体的对底速度，可以用于走航式或定点式测量。该系列包括 1 200 kHz、600 kHz、300 kHz 和 75 kHz 四种频率的产品。

表 3-9 美国 RTI 公司 SeaProfiler ADCP 主要技术指标

指标项	指标参数			
	1 200 kHz	600 kHz	300 kHz	75 kHz
波束	4 束，波束角 20°			4 束，波束角 30°
流速量程	标准 5 m/s，最大 20 m/s			
流速分辨率	0.01 cm/s			
层厚	最小 2 cm			最小 16 cm
流速剖面量程				
窄带	0.2~30 m	0.4~75 m	0.6~150 m	850 m
宽带	0.2~20 m	0.4~50 m	0.6~100 m	530 m
长期精度（高）	±0.25%，±0.2 cm/s		±0.7%，±0.2 cm/s	±1.0%，±0.5 cm/s
长期精度（低）	±1.0%，±0.2 cm/s			±1.0%，±0.5 cm/s
数据输出	标准 1~2 Hz，最大 10 Hz			最大 1 Hz
底跟踪				
量程	0.2~50 m	0.4~130 m	0.6~300 m	1 300 m
流速准确度（高）	±0.25%，±0.2 cm/s		±0.7%，±0.2 cm/s	±1.0%，±0.5 cm/s
流速分辨率	0.01 cm/s			
罗经	量程：0°~360°；准确度：1°；分辨率：0.01°			
姿态仪	横摇量程：±180°；纵摇量程：±90°；准确度：小于 1°；分辨率：0.01°			
温度传感器	量程：-5~70℃；准确度：0.15℃；分辨率：0.001℃			
压力传感器	量程可选，准确度：±0.01%			
供电	11~36 VDC			
功率	4 W	7 W	11 W	100 W
输出	RS-232，RS-485，100 M 以太网			
环境温度	工作温度：-5~40℃；存储温度：-30~60℃			
工作深度	50 m，可选 300 m、1 000 m、3 000 m、6 000 m			

图 3-9　美国 RTI 公司 SeaProfiler ADCP 示意图

（二）美国 RTI 公司 SeaProfiler 多普勒矩阵 ADCP（表 3-10，图 3-10）

SeaProfiler 多普勒矩阵 ADCP 是 RTI 公司生产的多普勒阵列剖面海流计，可自容、可直读。该 ADCP 与活塞式多普勒产品相比，阵列式在低频的时候受到影响较小，更适合于长距离的剖面测量。它包含 150 kHz 和 75 kHz 两种产品，适合于走航式或定点式观测。

表 3-10　美国 RTI 公司 SeaProfiler 多普勒矩阵 ADCP 主要技术指标

指标项	指标参数	
	150 kHz	75 kHz
波束角	可选 0°、15°、30°	
流速量程	5 m/s 标准，20 m/s 最大	
流速分辨率	0.01 cm/s	
层数	最大 200 层	
层厚	典型 8 m，最小 8 cm	典型 16 m，最小 16 cm
剖面量程		
窄带	425 m	700 m
宽带	275 m	455 m
长期精度	±1.0%，±2 mm/s	
数据输出	标准 1~2 Hz	最大 1 Hz
底跟踪		
量程	700 m	1 000 m

指标项	指标参数	
	150 kHz	75 kHz
流速准确度	±1.0%，±0.2 cm/s	
流速分辨率	0.01 cm/s	
罗经	量程：0°~360°；准确度：1°；分辨率：0.01°	
横摇/纵摇	横摇：±180°；纵摇：±90°；准确度：小于1°；分辨率：0.01°	
温度传感器	量程：-5~70℃；准确度：0.15℃；分辨率：0.001℃	
压力传感器	量程可选，准确度：±0.01%	
供电	11~32 VDC	36~72 VDC
功率	500 W	1 000 W
输出	RS-232，RS-485	
环境温度	工作温度：-5~40℃；存储温度：-30~60℃	
工作深度	可选 500 m、1 000 m、3 000 m、6 000 m	

图 3-10　美国 RTI 公司 SeaProfiler 多普勒矩阵 ADCP 示意图

（三）美国 RTI 公司 SeaProfiler 双频 ADCP （表 3-11，图 3-11）

双频 ADCP 扩展了 SeaProfiler 家族系列产品，它是在同一个设备上，使用相互独立的两种声学频率，每种频率能独立控制，高频段可以进行高频、短距离剖面测量，低频段可以进行长距离、低频测量，可自容、可直读，适合于走航式或定点式观测。该系列包括 1 200 kHz/600 kHz、1 200 kHz/300 kHz、300 kHz

和 600 kHz 四种不同频率配置的产品。

表 3-11　美国 RTI 公司 SeaProfiler 双频 ADCP 主要技术指标

指标项	指标参数		
	1 200 kHz	600 kHz	300 kHz
波束	4 束，波束角 20°		
流速量程	5 m/s 标准，20 m/s 最大		
流速分辨率	0.01 cm/s		
层数	最多 200 层		
层厚	最小 2 cm		
剖面量程			
窄带	0.2~30 m	0.4~75 m	0.6~150 m
宽带	0.2~20 m	0.4~45 m	0.6~100 m
长期精度（高）	±0.25%，±2 mm/s		±0.7%，±2 mm/s
长期精度（低）	±1.0%，±2 mm/s		
数据输出	标准 1~2 Hz，最大 10 Hz		
底跟踪			
量程	0.2~50 m	0.4~130 m	0.6~300 m
流速准确度（高频）	±0.25%，±2 mm/s		±0.7%，±2 mm/s
流速准确度（低频）	±1.0%，±2 mm/s		
流速分辨率	0.01 cm/s		
罗经	量程：0°~360°；准确度：1°；分辨率：0.01°		
姿态仪	横摇：±180°；纵摇：±90°；准确度：<1°；分辨率：0.01°		
温度传感器	量程：-5~70℃；准确度：0.15℃；分辨率：0.001℃		
压力传感器	量程可选，准确度：±0.1%		
供电	11~36 VDC		
功率	4 W	7 W	7 W
输出	RS-232，RS-485，100 M 以太网		
环境温度	工作温度-5~40℃，存储温度-30~60℃		
工作深度	可选 300 m、1 000 m、3 000 m、6 000 m		

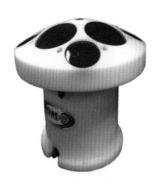

图 3-11　美国 RTI 公司 SeaProfiler 双频 ADCP 示意图

四、美国 SonTek 公司声学多普勒流速剖面仪

美国 SonTek 公司 ADP 声学多普勒剖面仪是一款多功能的测流仪，在全球拥有众多忠实的用户，广泛运用于水文、海洋以及港口监测等。它包括 250 kHz、500 kHz、1 000 kHz 和 1 500 kHz 四种频率的产品（表 3-12，图 3-12）。

表 3-12　美国 SonTek 公司 ADP 海流剖面仪主要技术指标

指标项	指标参数
剖面量程	1 500 kHz：15~25 m；1 000 kHz：25~35 m 500 kHz：70~120 m；250 kHz：160~180 m
流速——量程	±10 m/s
流速——分辨率	0.1 cm/s
流速——准确度	流速的±1%V±0.5 cm/s
供电	12~24 VDC
典型功耗	2.0~3.0 W
自带电池容量	1 800 W·h
罗经/姿态仪/分辨率	0.1°
罗经/姿态仪-罗经准确度	±2°
罗经/姿态仪-纵横摇准确度	±1°

图 3-12　美国 SonTek 公司 ADP 海流剖面仪示意图

五、挪威 Nortek 公司声学多普勒流速剖面仪

Signature VM 系列 ADCP 是挪威 Nortek 公司近年来推出的船载 ADCP 产品，采用了全新换能器材料和换能器双频复用技术，既能采用低频窄带方式实现长距离测流，也能采用高频宽带方式实现高精度测流。该系列 ADCP 包括 55 kHz/75 kHz 双频和 100 kHz 两种产品（表 3-13，图 3-13）。

表 3-13　挪威 Nortek 公司 Signature ADCP 主要技术指标

指标项		指标参数	
流速剖面	频率	55 kHz/75 kHz	100 kHz
	量程	685 m 1 000 m	400 m
	最大层厚	32 m	16 m
	准确度	$\pm1.0\%V\pm5$ mm/s	$\pm1.0\%V\pm5$ mm/s
	层厚	6~20 m	3~15 m
	最大流速	5 m/s（沿波束方向）	5 m/s（沿波束方向）
	单元数	200	200
	频率	1 Hz	1 Hz
底跟踪	最大深度	1 200 m	560 m
	最小深度	50 m	5 m

续表 3-13

指标项		指标参数	
硬件	换能器	3 倾斜波束+1 垂直波束，凸型	4 倾斜波束+1 垂直波束，凸型
	倾斜波束角	20°	20°
	通信	网络	网络

图 3-13　挪威 Nortek 公司 Signature VM 系列 ADCP 示意图

六、挪威 AADI 公司声学多普勒流速剖面仪

挪威 AADI 公司 RDCP600 ADCP 是一种频率为 600 kHz 的自容式多普勒海流剖面仪，抗干扰性强，可信度高，主要包括 300 m 和 2 000 m 两种产品（表 3-14，图 3-14）。

表 3-14　挪威 AADI 公司 RDCP600 ADCP 主要技术指标

指标项	指标参数
声波频率	600 kHz
波束数	4 束
波束角	25°
姿态仪量程	$-20° \sim 20°$
流速量程	$0 \sim 5$ m/s
流速测量水平准确度	0.5 cm/s 或读数的±1.5%
流速测量垂直准确度	1.0 cm/s

39

续表 3-14

指标项	指标参数
剖面量程	30~70 m
盲区	300 m：1 m；2 000 m：2 m
层厚	1~10 m
层数	最大150层
工作温度	-4~40℃
罗经量程	0°~360°
罗经准确度	±4°（0°~35°）
倾斜量程	±45°
倾斜准确度	±1.5°
通信	RS-485
供电	7~14 VDC

图 3-14　挪威 AADI 公司 RDCP600 ADCP 示意图

七、中国船舶集团有限公司第七一五研究所声学多普勒流速剖面仪

（一）中国船舶集团有限公司第七一五研究所走航式相控阵声学海流剖面仪（表 3-15，图 3-15）

中国船舶集团有限公司第七一五研究所走航式相控阵声学海流剖面仪是一

款船载 ADCP，主要用于走航测流。其利用声学多普勒原理，并结合矢量合成方法获取海流垂直剖面速度的水声仪器，利用其海底跟踪功能，测量船相对于海底的运动速度，可代替声学多普勒计程仪或其他计程仪，也可以通过航迹推算法进行水下定位。该系列 ADCP 有 38 kHz、75 kHz、150 kHz 三种频率的产品，主要安装于船舶等海上运动平台。

表 3-15　中国船舶集团有限公司第七一五研究所走航式相控阵声学海流剖面仪主要技术指标

指标项		指标参数		
剖面测量	型号	SLC38-1	SLC75-1	SLC150-1
	工作频率	38 kHz	75 kHz	150 kHz
剖面参数	流速测量长期准确度	±1%V（流速）±0.01 m/s		
	剖面深度	800 m	400 m	250 m
	层数	1~128 层可设		
底跟踪	最大深度	1 700 m	950 m	500 m
	底速度测量长期准确度	±1.0%V（流速）±0.01 m/s		
相控阵	空气中重量	≤200 kg	≤180 kg	≤10 kg
	直径	800 mm	500 mm	230 mm
	高	220 mm	250 mm	180 mm
电子机箱	型号	标准机箱 8 U		
	重量	≤50 kg		
	尺寸	≤500 mm×520 mm×250 mm		
供电	电压	220 VAC±10%单相，50 Hz±5%		
	平均功耗	200 W		
硬件	通信及输出	RS-232 串口，以太网，RS-422 串口可选		
	可选配件	压力传感器、电子罗盘		
	软件	测流仪显示控制软件，数据采集并存储，使用后处理软件处理		
环境要求	工作温度	（相对湿度≤95%）-15~55℃		
	存储温度	（相对湿度≤95%）-40~65℃		

图 3-15　中国船舶集团有限公司第七一五研究所走航式相控阵声学海流剖面仪示意图

（二）中国船舶集团有限公司第七一五研究所自容式相控阵声学海流剖面仪（表 3-16，图 3-16）

中国船舶集团有限公司第七一五研究所自容式相控阵声学海流剖面仪是一款能对海上特定地点的海流进行长期连续观察的设备，声学换能器采用相控阵原理，具有功耗低、体积小和重量轻的特点。该系列设备有 38 kHz、75 kHz、150 kHz 三种频率的产品，主要安装在潜标、浮标、海床基等平台上进行长期工作。

表 3-16　中国船舶集团有限公司第七一五研究所自容式相控阵声学海流剖面仪主要技术指标

指标项		指标参数		
剖面测量	型号	SLS38-1	SLS75-1	SLS150-1
	工作频率	38 kHz	75 kHz	150 kHz
	工作深度	1 000 m（标准）		
剖面参数	流速测量长期准确度	±1%V（流速）±0.01 m/s		
	最大海水剖面深度	800 m	400 m	300 m
	层数	1~128 层可设		
相控阵	空气中重量	≤150 kg	≤100 kg	≤50 kg
	直径	630 mm	400 mm	230 mm
	高	110 mm（不含连接件）	110 mm	200 mm
硬件	电池供电	电子舱尺寸：225 mm×365 mm（可连续工作 3 个月）225 mm×665 mm（可连续工作 6 个月）		
	通信及输出	RS-422 接口（19 200 bps）		
	可选配件	压力传感器、电子罗盘		
	软件	测流仪显示控制软件		
环境要求	工作温度	（相对湿度≤95%）-10~55℃		
	存储温度	（相对湿度≤95%）-30~60℃		

图 3-16　中国船舶集团有限公司第七一五研究所自容式相控阵声学海流剖面仪示意图

（三）中国船舶集团有限公司第七一五研究所活塞式声学海流剖面仪（表 3-17，图 3-17）

中国船舶集团有限公司第七一五研究所活塞式声学海流剖面仪主要针对剖面深度不大，需要精细化测量的水域，采用高频活塞式换能器进行海水、河水流速测量的一款仪器设备。由于该测流设备一般频率较高，具有功耗低、体积小和重量轻的特点，兼容走航式、直读式与自容式。该系列设备有 300 kHz、600 kHz、1 200 kHz 三种频率的产品。

表 3-17　中国船舶集团有限公司第七一五研究所活塞式声学海流剖面仪主要技术规格

指标项		指标参数		
剖面测量	型号	SLS300	SLS600	SLS1200
	工作频率	300 kHz	600 kHz	1 200 kHz
剖面参数	流速测量长期准确度	±0.5%V（流速）±0.005 m/s	±0.25%V（流速）±0.002 m/s	
	最大海水剖面深度	100 m	65 m	20 m
	层数	1~128 层可设		
设备尺寸	直径	230 mm	160 mm	160 mm
	高	200 mm（不含连接件）	200 mm	200 mm
硬件	电池供电	电子舱尺寸：225 mm×365 mm（可连续工作 6 个月）		
	通信及输出	RS-422 接口（19 200 bps）		
	可选配件	压力传感器、电子罗盘		

续表 3–17

指标项		指标参数
软件		测流仪显示控制软件
环境要求	工作温度	（相对湿度≤95%）−10~55℃
	存储温度	（相对湿度≤95%）−30~60℃

图 3-17　中国船舶集团有限公司第七一五研究所活塞式声学海流剖面仪（不含电池）示意图

（四）中国船舶集团有限公司第七一五研究所水平测流仪（表3-18，图 3-18）

中国船舶集团有限公司第七一五研究所水平测流仪主要针对港口、河流进行水平剖面流速及流量的测量，该系列设备有 150 kHz、300 kHz、600 kHz 三种频率的产品。

表 3-18　中国船舶集团有限公司第七一五研究所水平测流仪主要技术指标

指标项		指标参数		
剖面测量	型号	SLA150	SLA300	SLA600
	工作频率	150 kHz	300 kHz	600 kHz
剖面参数	流速测量长期准确度	±1%V（流速）±0.01 m/s		±0.5%V（流速）±0.005 m/s
	最大水平剖面距离	200 m	120 m	75 m
	层数	1~128 层可设		
设备尺寸	直径	230 mm	160 mm	160 mm
	高	200 mm（不含连接件）	200 mm	200 mm

指标项		指标参数
硬件	通信及输出	RS-422 接口（19 200 bps）
	可选配件	压力传感器、电子罗盘
	软件	测流仪显示控制软件
环境要求	工作温度	（相对湿度≤95%）-10~55℃
	存储温度	（相对湿度≤95%）-30~60℃

图 3-18　中国船舶集团有限公司第七一五研究所水平测流仪示意图

八、中国科学院声学研究所声学多普勒流速剖面仪

（一）中国科学院声学研究所 SC 系列自容式海流剖面仪（表 3-19，图 3-19）

SC 系列自容式声学多普勒流速剖面仪采用了宽带测速技术、低功耗技术和深海换能器技术，最大工作水深可达 6 000 m，可安装在海床基、潜标或浮标等固定平台上对流场进行长时间自主定点测量。该系列 ADCP 自 2013 年起已在我国领海、太平洋、印度洋和南北极等全球海域实现了长期应用，单次使用时间超过 3 年，获取了连续 3 年的南极流场数据。该系列 ADCP 产品主要有 75 kHz、150 kHz、300 kHz、600 kHz 和 1 200 kHz 五种频率的产品。

表 3-19　中国科学院声学研究所 SC 系列自容式海流剖面仪主要技术指标

指标项	指标参数				
	SCI-75 kHz	SCI-150 kHz	SCII-300 kHz	SCII-600 kHz	SCII-1 200 kHz
测速范围	±10 m/s（典型）	±10 m/s（典型）	±10 m/s（典型）	±10 m/s（典型）	±10 m/s（典型）
测流层数	1~128 层	1~128 层	1~128 层	1~128 层	1~128 层
层厚	4~32 m	2~16 m	1~8 m	0.5~4 m	0.25~2 m
测流精度	±1%测量值 ±5 mm/s	±1%测量值 ±5 mm/s	±0.5%测量值 ±5 mm/s	±0.3%测量值 ±3 mm/s	±0.3%测量值 ±3 mm/s
最大测流剖面	600 m	260 m	120 m	70 m	20 m
底跟踪测速精度	±0.5%测量值 ±5 mm/s	±0.5%测量值 ±5 mm/s	±0.4%测量值 ±5 mm/s	±0.3%测量值 ±3 mm/s	±0.3%测量值 ±3 mm/s
最大底跟踪高度	1 000 m	500 m	270 m	120 m	50 m
工作水深	1 500 m，可选 3 000 m、6 000 m				
电源	直流输入 20~50 V				
平均功耗	不大于 20 W				
休眠功耗	不大于 20 mW				
通信接口	RS-232/RS-422/RS-485 可选，10 M 以太网				
温度传感器	范围：-10~85℃；准确度：±0.5℃；分辨率：0.01°				
姿态传感器	范围：±50°；准确度：±0.2°；分辨率：0.01°				
航向传感器	范围：0°~360°；准确度：±0.5°（校准后）；分辨率：0.1°				
工作温度	-5~45℃				
存储温度	-30~60℃				
尺寸	φ575 mm× 1 070 mm	φ500 mm× 765 mm	φ230 mm× 441 mm	φ225 mm× 424 mm	φ225 mm× 424 mm
重量	89 kg	57 kg	23 kg	22 kg	22 kg
壳体材料	铝合金	铝合金	铝合金	铝合金	铝合金

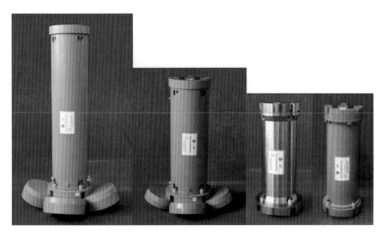

图 3-19 中国科学院声学研究所 SC 系列自容式海流剖面仪示意图

（二）中国科学院声学研究所 DR 系列自容式海流剖面仪（表 3-20，图 3-20）

DR 系列自容式声学多普勒流速剖面仪是声学所研制的直读式 ADCP，它采用低功耗设计，既可安装在潜标、海床基和浮标等固定平台对流场进行长时间定点测量，也可以安装在无人船、UUV 等移动平台进行走航测量，同时还能用于 UUV 等水下平台的自主导航。该系列 ADCP 已安装在潜标、无人船、UUV 等平台在南海、太平洋和印度洋等海域实现了长期应用。该系列 ADCP 产品主要有 75 kHz、150 kHz、300 kHz、600 kHz 和 1 200 kHz 五种频率的产品。

表 3-20 中国科学院声学研究所 DR 系列直读式海流剖面仪主要技术指标

指标项	指标参数				
	SCI-75 kHz	SCI-150 kHz	SCII-300 kHz	SCII-600 kHz	SCII-1 200 kHz
测速范围	±10 m/s（典型）	±10 m/s（典型）	±10 m/s（典型）	±10 m/s（典型）	±10 m/s（典型）
测流层数	1~128 层	1~128 层	1~128 层	1~128 层	1~128 层
层厚	4~32 m	2~16 m	1~8 m	0.5~4 m	0.25~2 m
测流精度	±1%测量值 ±5 mm/s	±1%测量值 ±5 mm/s	±0.5%测量值 ±5 mm/s	±0.3%测量值 ±3 mm/s	±0.3%测量值 ±3 mm/s
最大测流剖面	600 m	260 m	120 m	70 m	20 m
底跟踪测速精度	±0.5%测量值 ±5 mm/s	±0.5%测量值 ±5 mm/s	±0.4%测量值 ±5 mm/s	±0.3%测量值 ±3 mm/s	±0.3%测量值 ±3 mm/s

续表 3-20

指标项	指标参数				
	SCI-75 kHz	SCI-150 kHz	SCII-300 kHz	SCII-600 kHz	SCII-1 200 kHz
最大底跟踪高度	1 000 m	500 m	270 m	120 m	50 m
电源	直流输入 20~50 V				
平均功耗	不大于 20 W				
休眠功耗	不大于 20 mW				
通信接口	RS-232/RS-422/RS-485 可选，10 M 以太网				
温度传感器	范围：-10~ 85℃；准确度：±0.5℃；分辨率：0.01°				
姿态传感器	范围：±50°；准确度：±0.2°；分辨率：0.01°				
航向传感器	范围：0°~360°；准确度：±0.5°（校准后）；分辨率：0.1°				
工作温度	-5~45℃				
存储温度	-30~60℃				
尺寸	ϕ575 mm× 1 070 mm	ϕ500 mm× 765 mm	ϕ230 mm× 441 mm	ϕ225 mm× 424 mm	ϕ225 mm× 424 mm
重量	89 kg	57 kg	23 kg	22 kg	22 kg
壳体材料	铝合金	铝合金	铝合金	铝合金	铝合金

图 3-20　中国科学院声学研究所 DR 系列自容式海流剖面仪示意图

九、无锡海鹰加科海洋技术有限责任公司声学多普勒流速剖面仪

无锡海鹰加科海洋技术有限责任公司海鹰 RIV 系列 ADCP 由 ADCP 主机、数据通信电缆和 IOARiver 流量测验软件组成，通常用于垂线流速、剖面流速和

断面流量的测量，可以安装在测船和三体船上进行走航测量，并能够外接罗经、GPS 和无线电台等多种设备。该系列设备有 RIV-300、RIV-600、RIV-1200 三种型号（表 3-21，图 3-21）。

表 3-21　无锡海鹰加科海洋技术有限责任公司海鹰 RIV 系列 ADCP 主要技术指标

指标项	指标参数		
	RIV-300	RIV-600	RIV-1200
频率	300 kHz	600 kHz	1 200 kHz
换能器类型	活塞式	活塞式	活塞式
测速范围	±20 m/s	±20 m/s	±20 m/s
测流精度	$±0.3\%V±5$ mm/s	$±0.25\%V±2$ mm/s	$±0.25\%V±2$ mm/s
流速分辨率	1 mm/s	1 mm/s	1 mm/s
单元层厚度	1~8 m	0.2~4 m	0.1~2 m
单元层数	1~260 层	1~260 层	1~260 层
数据更新率	1 Hz	1 Hz	1 Hz
工作模式	宽带		
底跟踪量程	2~240 m	0.8~120 m	0.5~35 m
底跟踪精度	$±0.3\%V±5$ mm/s	$±0.25\%V±2$ mm/s	$±0.25\%V±2$ mm/s
测速范围	±20 m/s	±20 m/s	±20 m/s
耐压等级	100 m/500 m/2 000 m/ 4 000 m/6 000 m	100 m/500 m/2 000 m/ 4 000 m/6 000 m	100 m/500 m/2 000 m/ 4 000 m/6 000 m
换能器和硬件			
波束倾角	20°	20°	20°
波束开角	4°	2°	2°
换能器配置	4 波束，JANUS 结构	4 波束，JANUS 结构	4 波束，JANUS 结构
内部存储容量	2 G（标配）		
通信接口	RS-422、RS-232 或 10 M 以太网		
壳体材料	聚甲醛（标准），钛合金、铝合金可选，取决于所需工作深度		
内置传感器			
温度传感器	范围：-10~85℃；准确度：±0.5℃；分辨率：0.01°		
姿态传感器	范围：±50°；准确度：±0.2°；分辨率：0.01°		

续表 3-21

指标项	指标参数		
	RIV-300	RIV-600	RIV-1200
罗经传感器	范围：0°~360°；准确度：±0.5°（校准后）；分辨率：0.1°		
供电与通信			
功耗	平均功耗≤3 W		
输入电压	10.5~36 VDC		
波特率	2 400~115 200 bps		
测流软件	IOA river 中文测流软件具备外业采集导航功能模块		
尺寸和重量			
尺寸（高×直径）	245 mm×225 mm	245 mm×225 mm	245 mm×225 mm
重量（标准配置）	空气中 7.5 kg，水中 5 kg	空气中 7.5 kg，水中 5 kg	空气中 7.5 kg，水中 5 kg
适用环境			
最大工作水深	100 m/500 m/2 000 m/4 000 m/6 000 m		
工作温度	-5~ 45℃		
存储温度	-30~65℃		

图 3-21　无锡海鹰加科海洋技术有限责任公司海鹰 RIV 系列 ADCP 示意图

第六节　主要应用领域

目前，ADCP 主要应用于陆地水文、海洋水文、海洋科学研究，以及海洋环境保护和军事海洋等领域，是海洋应用领域最广泛的海洋仪器之一。

第七节 应用局限性

ADCP 在剖面探测、快速获取流速方面有着很大的优势，但其受发射信号的影响存在上、下、左、右等探测盲区，盲区的流速无法准确获得。此外，ADCP 是通过测量水中悬浮物产生的回波信号多普勒频移来实现测流的，因此水中悬浮物状态会对 ADCP 的测流距离产生影响。例如，在泥沙浓度较高的水中，由于含沙量大导致声波衰减增大，ADCP 的测流距离会明显降低；在深海水体非常清澈的区域，由于水中缺少悬浮物，ADCP 的测流距离也会大大降低。

第八节 实例应用

图 3-22 给出的是 2011 年 4 月在某海域进行内孤立波传递观测时，利用 150 kHz ADCP，采样时间为 5 min，深度处于 29 m［图 3-22（a）］、109 m［图 3-22（b）］、189 m［图 3-22（c）］和 269 m［图 3-22（d）］的流速长时间观测剖面图，其中蓝色曲线代表流速东向分量（U），红色曲线代表流速北向分量（V）。从流速时间曲线来看，该站位流速具有混合潮性质，多数时间以全日潮为主。特别是从流速东向量来看，在上层（29 m 和 109 m）向西的"长钉"较多，在下层（189 m 和 269 m）向东的"长钉"较多，这些"长钉"是偏西向传播内孤立波引起的强流。此外，85 m 层强流（$U<-40$ cm/s）流速流向玫瑰图（图 3-23）清晰地显示出表层强流的主方向为 292°，从统计学上给出了该海域内孤立波的主要传播方向。

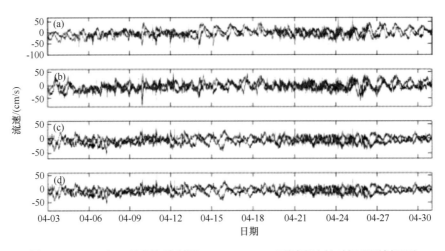

图 3-22　2011 年 4 月某海域利用 150 kHz ADCP 不同流速长时间观测剖面图

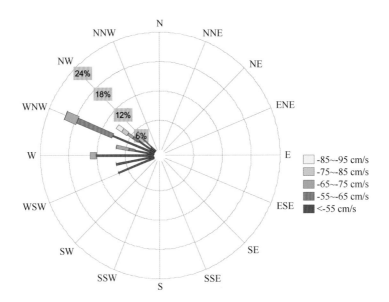

图 3-23　85 m 层强流（$U < -40$ cm/s）流速流向玫瑰图

第四章　多波束测深仪

第一节　概述

多波束测深仪，又称为多波束测深系统、条带测深仪或多波束测深声呐等，主要用于海底地形测量、扫海测量和对海上施工区域的水下勘测。多波束测深仪的工作原理是通过向海底发射声脉冲来测量海底深度，进而绘制海底深度变化的地形地貌，每发射一个声脉冲，可以获得船下方的垂直深度，同时获得与船的航迹相垂直的面内的几十个水深值，从而实时绘出海底地貌图。通过船上计算机对各种数据的处理，可由绘图仪绘出等深线图，精确测定航行障碍物的位置、深度。与单波束回声测深仪相比，多波束测深系统具有测量范围大、测量速度快和效率高的优点，它把测深技术从点、线扩展到面，特别适合进行大面积的海底地形探测。

多波束测深仪通常固定在船底、舷侧或者安装在拖鱼上，无论哪种安装方式，在安装使用时都要尽量远离噪声源，以免干扰多波束测深仪工作，尤其是固定在舷侧时，一定要远离主机，牢固安装。

第二节　国内外发展现状与趋势

一、国外发展现状与趋势

20 世纪 60 年代，美国海军研究署开始研制多波束测深系统。1962 年，美国国家海洋调查局开展了窄波束回声测深仪海上试验。1976 年，随着微计算机处理系统和控制硬件系统的发展，第一套多波束扫描测深系统 SeaBeam 诞生。该系统测量覆盖范围为水深的 0.8 倍，能同时处理 16 个波束。由于多波束测深系统具有极其重要的军事和商业价值，从 20 世纪 80 年代开始，多波束测深系统到了一个高速发展的阶段。这一时期，多波束测深系统由简单的船上采集陆上处理发展到集采集、合成、处理和显示于一体的系统，从幅度检测到分裂波束的相位检测法，大大提高了边缘波束的精度；并且出现了适用于不同水深的多波束系统，扇面角和扫描宽度也大大增加，数据处理速度能够满足水下测量需求。未来，多波束测深系统将向探头小型化、安装简单化、数据稳定精确化的方向发展。

二、国内发展现状与趋势

国内的多波束测深仪研制开始于 20 世纪 80 年代中期。当时研制的工程样机采用模拟技术，形成 25 个波束，沿着航迹方向开角为 3°，垂直航迹方向开角为 2.4°~5°，覆盖宽度 120°。这是我国最早的多波束测深系统尝试，但由于当时技术条件的限制未能投入实际应用。到 20 世纪 90 年代初，国家有关部门从国防安全和海洋开发的战略需要出发，联合国内技术优势单位研制了用于中海型的多波束测深系统，该系统属于用于大陆架和陆坡区测量的中等水深多波束测深系统，其工作频率为 45 kHz，具有左右舷共 48 个 3°×3° 的数字化测深波束，测深范围从 10 m 到 1 000 m，覆盖范围从 2 倍到 4 倍水深（覆盖宽度 126.8°）。该型条带测深仪的研制成功，使我国成功跻身于世界具有独立开发与研制多波束测深系统的少数国家之列。

2006 年，哈尔滨工程大学成功研制了我国首台便携式高分辨浅水多波束测深系统，测量结果达到 IHO 国际标准要求，鉴定专家认为其主要技术指标达到现阶段国际同类产品先进水平，具有极大的推广价值。目前，哈尔滨工程大学已拥有 HT-300S-W 高分辨多波束测深仪、HT-300S-P 便携式多波束测深仪、HT-180D-SW 超宽覆盖多波束测深仪三个型号的多波速测深系统。此外，中国科学院声学研究所基于侧扫声呐地形地貌探测理论和设备研制方面技术积累，展开了深水多波束测深系统研究，其工程样机于 2014 年通过验收，其系统性能指标基本达到国际第三代水平，打破挪威、德国等少数国家的垄断和限制。

三、主要差距

国外多波束测深技术经过几十年的发展，研究和营运已达到了较高的水平，特别是近 10 年，随着电子、计算机、新材料和新工艺的广泛使用，多波束测深技术已经取得了突破性进展。与之相比，国内多波束测深系统与发达国家相比还有很大差距。其中，浅水多波束测深系统的精度与国外相近，而稳定性与国外有一定差距，只能小规模投入生产；而中、深水多波束测深系统的精度低、测量功能单一，还处于工程样机研制阶段。

第三节 系统组成和工作原理

一、主要组成

多波束测深系统主要包括多波束声学系统、软件系统、外围辅助传感器。多波束声学系统包括声呐信号处理系统、发射/接收换能器、显控系统；软件系统包括数据后处理软件和导航采集软件；外围辅助传感器包括罗经、姿态传感器、声速仪、验潮仪、GPS/水下导航系统等。

二、工作原理

多波束测深仪的发射换能器阵列和接收换能器阵列通常以 T 形垂直安装，每个阵列产生的波束沿长轴方向都很窄，波束相交就会得到一个由窄波束宽度所限定的波束图。发射换能器阵列向海底发射宽扇区覆盖的声波，接收换能器阵列对声波进行窄波束接收，通过发射、接收扇区指向的正交性形成对海底地形的照射脚印，对这些脚印进行恰当的处理，一次探测就能给出与航向垂直的垂面内上百个甚至更多的海底水深值，并能够精确、快速地测出沿航线一定宽度内水下目标的大小、形状和高低变化，比较可靠地描绘出海底地形的三维特征。

第四节 主要分类

多波束测深仪一般按工作频率分为高频、中频和低频三种类型。将工作频率在 95 kHz 以上的称为浅水多波束系统，频率在 36~60 kHz 的称为中水多波束系统，频率在 12~13 kHz 的称为深水多波束系统。当前，为了进一步提高仪器自身的适应性，许多新的多波束测深系统一般采用双工作频率、可变脉冲发射宽度及可变扫测宽度设计方式，以达到使用单一系统即可实现全海深测量的目的。

第五节　主流产品介绍

一、美国 R2Sonic 公司多波束测深仪

美国 R2Sonic 公司 Sonic 系列多波束测深仪代表了当前世界最先进的水下声学技术和最新的多波束设备结构和设计。声呐处理器/控制器嵌入到声呐头中，前几代多波束测深仪中标志性的庞大声呐处理器和接口单元不复存在。该系列包括 Sonic2020、Sonic2022、Sonic2024 和 Sonic2026 四种产品（表4-1，图4-1）。

表4-1　美国 R2Sonic 公司 Sonic 系列多波束测深仪主要技术指标

指标项	指标参数			
	Sonic2020	Sonic2022	Sonic2024	Sonic2026
搭载平台	ASV、AUV	ASV、拖鱼	ASV	AUV、ROV
工作频率	200~400 kHz、700 kHz 可选	170~450 kHz、700 kHz 可选		170~450 kHz、90 kHz、100 kHz 可选
最小频率递增	1 Hz			
波束宽度垂直航迹和沿航迹	1°×1°@ 700 kHz 2°×2°@ 400 kHz 4°×4°@ 200 kHz	0.6°×0.6°@ 700 kHz 0.9°×0.9°@ 450 kHz 2°×2°@ 200 kHz	0.3°×0.6°@ 700 kHz 0.45°×0.9°@ 450 kHz 1°×2°@ 200 kHz	0.45° × 0.45° @ 450 kHz 2°×2°@ 200 kHz 2°×2°@ 100 kHz
探测频次	每 ping 探测 1 024 次			
最大速度	11.1 kt			
最大覆盖范围	10°~130°	10°~160°		
探测深度	200 m	400 m		800 m
脉冲长度	15 μs~1 ms			15 μs~2 ms
脉冲类型	CW			
频率	60 Hz			
带宽	60 kHz			
浸没深度	100 m、4 000 m 可选		100 m、4 000 m 和 6 000 m 可选	100 m、4 000 m 可选
地探测分辨率	3 m			

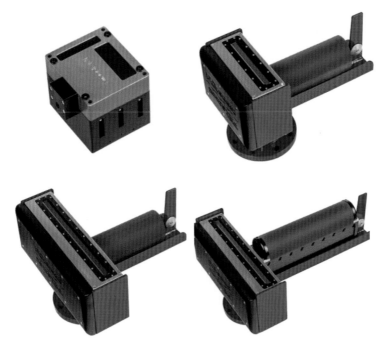

图 4-1　美国 R2Sonic 公司 Sonic 系列多波束测深仪示意图

二、英国 Marine Electronic 公司多波束测深仪

Dolphin 多波束测深仪是 Marine Electronic 公司的一项创新型产品，性价比非常高。拥有很高的频率以及分辨率，能够提供航海、领航、海洋搜索中需要的声呐扫描工作。声呐可以由远程 PC 软件进行操纵，也可以通过远程系统对各项参数做测量（表 4-2，图 4-2）。

表 4-2　英国 Marine Electronic 公司 Dolphin 多波束测深仪主要技术指标

指标项	指标参数	
	Dolphin 6001 USB	Dolphin 6201 OAS
工作频率	455 kHz	250 kHz
工作范围	10~200 m	200 m
分辨率	25 mm	25 mm
角分辨率	0.75°	1.5°
采样频率	4 MHz	2 MHz
水平面波瓣宽度	接收 1.5°（±3 dB），发射 110°	
垂直波束宽度	接收 16°，发射 20°	接收 16°，发射 12°/6°（可选）

指标项	指标参数	
	Dolphin 6001 USB	Dolphin 6201 OAS
数据存储	自动存储或手动存储	
更新率	10 m 范围每秒 30 幅 50 m 范围每秒 14 幅 100 m 范围每秒 7 幅	200 m 范围 每秒 3 幅（图像模式） 每秒 1 幅（轨迹模式）

图 4-2　英国 Marine Electronic 公司 Dolphin 多波束测深仪示意图

三、英国 GeoAcoustics 公司多波束测深仪

英国 GeoAcoustics 公司 GEOSWATH PLUS AUV 多波束测深仪是一款专门用于水下自主航行器的多波束测深系统，扫测宽度可达高度的 12 倍，最大工作深度 4 000 m。该系统能够很容易地集成到在 Remus 100 和 Gavia AUV 等 AUV 平台（表 4-3，图 4-3）。

表 4-3　英国 GeoAcoustics 公司 GEOSWATH PLUS AUV 多波束测深仪技术指标

指标项	指标参数		
工作频率	125 kHz	250 kHz	500 kHz
最大测量水深	200 m	100 m	50 m
最大扫描宽度	780 m	390 m	190 m
最大覆盖范围	深度的 12 倍		
深度分辨率	6 mm	3 mm	1.5 mm
双向波束角度（水平）	0.85°	0.75°	0.5°
脉冲长度	128~896 μs	64~448 μs	32~224 μs

指标项	指标参数		
最大更新速率	30 s⁻¹（与范围有关）		
换能器尺寸	540 mm×260 mm×80 mm	375 mm×170 mm×60 mm	255 mm×110 mm×60 mm
换能器重量	11.6 kg（空气中） 3.3 kg（水中）	3.8 kg（空气中） 1.8 kg（水中）	1.5 kg（空气中） 0.5 kg（水中）
供电需求	24 VDC, 50 W（最大），20 W（标准）		
最大深度范围	标准 1 000 m、4 000 m 可选		
电子模块尺寸	直径 20 cm×长 36.6 cm		
电子模块重量	12 kg（空气中），3 kg（水中）		

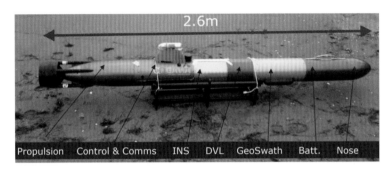

图 4-3 英国 GeoAcoustics 公司 GEOSWATH PLUS AUV 多波束测深仪示意图

四、丹麦 Reson 公司多波束测深仪

（一）丹麦 Reson 公司 T20-P 高准确度多波束测深仪

T20-P 高准确度多波束测深仪是 Reson 公司 SeaBat 系列中的新一代产品，该产品与便携式声呐处理器的结合，以及便携式防水包的应用，使得 T20-P 能够搭载在小型探测船上并提供精确数据，并且该仪器具有功能强大的电脑软件（表 4-4，图 4-4）。

表 4-4　丹麦 Reson 公司 T20-P 高准确度多波束测深仪主要技术指标

指标项	指标参数				
	高度 /mm	宽度 /mm	深度 /mm	空气中重量 /kg	水中重量 /kg
T20 Rx（EM7219）	102.0	254.0	123.0	5.0	4.2
T20 Rx（TC2181）	86.6	93.1	280	5.4	3.4
便携式声呐处理器	131	424	379	14	不适用
输入电压	24 VDC，或 100~230 VAC，50 Hz/60 Hz				
电源（标准/最大）	200 W/300 W				
换能器电缆长度	10 m（标准），25 m，50 m（可选）				
温度（操作/存储）	便携式声呐处理器：-5~45℃/-30~70℃ 声呐湿部：-2~30℃/-30~55℃				
波束数	最小 10 个，最大 256 个（512 个可选）				
工作频率	200~400 kHz				
along-track 发射波束宽度	1°		2°		
标准水深（CW^2）	0.5~150 m		0.5~375 m		
最大水深（CW^3）	250 m		550 m		
标准水深（FW^2）	0.5~180 m		0.5~450 m		
最大水深（FW^3）	300 m		575 m		
最大频率	50 Hz				
脉冲长度	30~300 μs，300 μs~10 ms				
水深准确度	6 mm				
水深（声呐探头）	50 m				

图 4-4　丹麦 Reson 公司 T20-P 高准确度多波束测深仪示意图

（二）丹麦 Reson 公司 SeaBat 7125 多波束测深仪

SeaBat 7125 延续了 Reson 公司产品的强大功能，提高了产品性能。该产品包括 400 kHz 和 200 kHz 两种频率。400 kHz 型号为严格要求的高密度探测而设计，200 kHz 型号的探测范围更为广泛。它可被安装在探测船、远程遥控设备、水下自助航行器等平台上，工作水深可达 6 000 m（表 4-5，图 4-5）。

表 4-5　丹麦 Reson 公司 SeaBat 7125 多波束测深仪主要技术指标

指标项	指标参数		
搭载平台	7125 SV2	7125 ROV2	7125 AUV
电源	111 VAC/220 VAC 50 Hz/60 Hz，平均 60 W	48 VDC（±10%） 最大 110 W	48 VDC（±10%） 最大 200 W
接收器电缆长度	标准 25 m	标准 3 m 10 m（可选）	标准 3 m 10 m（可选）
LUC 至处理器电缆长度	不适用	25 m/6 m/5 m 可选	不适用
系统限深	25 m	6 000 m	6 000 m（可选）
测深范围	0~500 m		
频率	200 kHz 或 400 kHz（双频可选）		
along-track 发射波束宽度	2.2°（±0.5°），200 kHz；1°（±0.2°），400 kHz		
cross-track 接收波束宽度	1.1°（±0.05°），200 kHz；0.54°（±0.03°），400 kHz		
最大频率	50 Hz（±1 Hz）		
脉长	33~300 μs		
波数	256 EA/ED，200 kHz；256 EA，512 EA/ED，400 kHz		
最大条带宽度	128°或 140°		
水深分辨率	6 mm		
数据输入	水深，测扫及片段，7 K 数据格式		
数据输出	千兆以太网		
运行温度/存储温度	−15~35℃，−30~55℃		

图 4-5　丹麦 Reson 公司 SeaBat 7125 多波束测深仪示意图

（三）丹麦 Reson 公司 SeaBat 7101 多波束测深仪

SeaBat 7101 测深声呐工作频率 240 kHz，可在 150°带宽测得 511 个单独等距水深。这种等距水深探测密度结合水下机器人底部的实时纵摇参数，可确保其稳定性和高准确度，从而能在所有水声环境中，发挥最大功效。对于浅水域或垂直结构测量中，特有 210°覆盖可选。SeaBat 7101 探头（换能器）限深为 100 m，适合安装在 ROV 和水面船舶，这种高频率即使在船舶高速行进时也能达到符合国际标准的性能（表 4-6，图 4-6）。

表 4-6　丹麦 Reson 公司 SeaBat 7101 多波束测深仪主要技术指标

指标项	指标参数
工作频率	240 kHz
发射波束带宽	1.5°
接收波束带宽	1.8°
最大频率	40 Hz
脉宽	21~225 μs
波束数	最大 511 个
最大条带宽度	150°（210°可选）
深度分辨率	12.5 mm
数据接口	测深，侧边扫描，片段，7 K 数据格式，千兆以太网
电源要求	110 VAC/220 VAC，50 Hz/60 Hz，500 W 最大
头到处理器电缆距离	25 m
系统深度限制	100 m

续表 4-6

指标项	指标参数
操作温度/存储处理器温度	0~40℃，-30~70℃
操作温度/存储声呐头温度	-2~35℃，-30~70℃
声呐处理器（长×宽×高）	222 mm×478 mm×557 mm
7101-ST 直径×长度	320 mm×373 mm
7101-ER 直径×长度	320 mm×511 mm
7101-ST 空气中和水中重量	40 kg/23 kg
7101-ER 空气中和水中重量	46 kg/10 kg

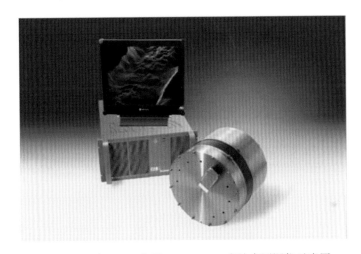

图 4-6 丹麦 Reson 公司 SeaBat 7101 多波束测深仪示意图

（四）丹麦 Reson 公司 HydroBat 多波束测深仪

HydroBat 是一款入门级船载多波束测深仪，适合于港口、港湾和近海测量操作，其操作频率 160 kHz，宽条带覆盖为水深的 3.4 倍。该设备采用先进的自动驾驶仪和高频率，结合幅度和相位等信息可进行底部检测（表 4-7，图 4-7）。

表 4-7 丹麦 Reson 公司 HydroBat 多波束测深仪主要技术指标

指标项	指标参数
工作频率	160 kHz
条带宽度	120°

续表 4-7

指标项	指标参数
波束数	112
最小深度	1 m
最大深度	200 m
频率	20 Hz+
横摇稳定	包括
自动驾驶仪	包括
显示器	EIZO S1901 HK 显示器, 19″, TFT, 1 280×1 024
运动传感器	SMC-10830, IMU 运动传感器
GPS	Trimble SPS461 DGPS 信标接收机
声速探头范围/准确度	1 350~1 800 m/s / ±0.15 m/s (0~50 m), ±0.25 m/s (2 000 m)
探头电缆长度	10 m

图 4-7　丹麦 Reson 公司 HydroBat 多波束测深仪示意图

五、挪威 Kongsberg Maritime 公司多波束测深仪

挪威 Kongsberg Maritime 公司是世界领先的海底测绘多波束系统制造商。该公司系列多波束测深仪的优点是能通过一系列窄声束绘制出 100% 覆盖的底部,所得海底地图比使用单波束映射得到的更详细,而且多波束生成地图速度更快,能减少船舶的测量时间 (表 4-8,图 4-8)。

表 4-8　挪威 **Kongsberg Maritime** 公司系列多波束测深仪主要技术指标

型号	频率	最小/最大深度	最大覆盖范围
M3	500 kHz	0.2~50 m	120°
GeoSwath Plus 紧凑型	125 kHz/250 kHz/ 500 kHz	0.3~200 m 0.3~100 m 0.3~50 m	12H 780 m 390 m 195 m
GeoSwath Plus	125 kHz/250 kHz/ 500 kHz	0.3~200 m 0.3~100 m 0.3~50 m	12H 780 m 390 m 195 m
EM 2040C	200~400 kHz	0.5~490 m	单头：4.3×H/525 m/130° 多头：10×H/625 m/200°
EM 2040	200~400 kHz	0.5~600 m	单发射：5.5×H/800 m/140° 多发射：10×H/900 m/200°
EM 710RD	70~100 kHz	3~600 m	5.5×H/1 100 m/140°
EM 710S	70~100 kHz	3~1 000 m	5.5×H/1 800 m/140°
EM 710	70~100 kHz	3~2 000 m	5.5×H/2 300 m/140°
EM 302	30 kHz	10~7 000 m	5.5×H/8 000 m/143°

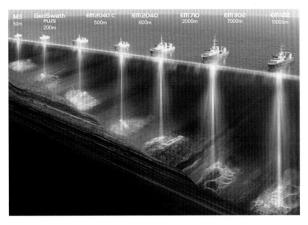

图 4-8　挪威 Kongsberg Maritime 公司系列多波束测深仪示意图

六、中国船舶集团有限公司第七一五研究所多波束测深仪

中国船舶集团有限公司第七一五研究所 DMC195 型浅水多波束测深仪主要

应用于深度范围为 1~200 m 水域进行快速、大范围、高精度的海底地形测量。该测深仪采用新颖独特的 U 形基阵结构，具有宽覆盖和高精度的测深性能，且该产品结构简单、安装方便（表 4-9，图 4-9）。

表 4-9　中国船舶集团有限公司第七一五研究所 DMC195 型浅水多波束测深仪主要技术指标

指标项		指标参数
技术指标	工作频率	195 kHz
	波束宽度	1.5°×1.5°
	声源级	215 dB
	测深范围	1~200 m
	最大测距	500 m
	波束数	256 个（等角度和等脚印）
	覆盖扇面	10°~160°
	覆盖能力	100 m 内 8~10 倍水深，200 m 时 4 倍水深
	测深准确度	优于 IHO S-44 标准
湿端规格尺寸（含导流罩）	空气重量	52 kg
	水中重量	25 kg
	尺寸（长×宽×高）	652 mm×200 mm×384 mm
甲板单元规格尺寸	空气中重量	20 kg
	尺寸（长×宽×高）	430 mm×470 mm×180 mm
供电	工作电压	AC 220 V
	功耗	<500 W
硬件	通信输出	百兆/千兆以太网口
软件		多波束实时显示软件、Caris HIPS 后处理软件
可选配件		GPS；声速剖面仪；航向、纵横摇、升沉传感器；验潮仪
环境要求	工作温度	−5~50℃
	存储温度	−10~65℃
	湿端耐压深度	20 m（适合水面安装）/500 m（适合 AUV、UUV 等平台安装）

图 4-9　中国船舶集团有限公司第七一五研究所 DMC195 型浅水多波束测深仪示意图

七、哈尔滨工程大学多波束测深仪

便携式高分辨浅水多波束测深仪系列产品是哈尔滨工程大学近十几年来独立自主研制成功的国产高准确度、高分辨的水下地形测量设备，主要技术达到国际同类水平。该系列产品已拥有不同技术指标和特点的 HT-300S-W 高分辨多波束测深仪、HT-300S-P 便携式多波束测深仪、HT-180D-SW 超宽覆盖多波束测深仪三个型号。其中 HT-300S-W 高分辨多波束测深仪和 HT-300S-P 便携式多波束测深仪达到小批量生产阶段，HT-180D-SW 超宽覆盖多波束测深仪处于样品阶段。

八、无锡海鹰加科海洋技术有限责任公司多波束测深仪

HY1621 是无锡海鹰加科海洋技术有限责任公司最新推出的一款具有完全自主知识产权的高精度高分辨率多波束测深仪，可应用于航道疏浚、地质调查、沿海及河口测绘，沉船打捞等领域。换能器支持 210 kHz 工作频率，测深可达 500 m，最小波束角 1.5°，可选等角或等距波束分布，整体性能达到了国际同类产品的先进水平（表 4-10，图 4-10）。

表 4-10　无锡海鹰海洋 HY1621 多波束测深仪主要技术指标

指标项	指标参数
工作频率	210 kHz
最大声源级	220 dB
脉冲宽度	50~500 μs，连续可调
测深范围	1~500 m（斜距）
分辨率	1 cm

续表 4-10

指标项	指标参数
测深精度	符合 IHO S44 标准
覆盖宽度	100°~140°，10°可调（最大 5.5 倍宽深比）
波束数	320 个
波束宽度	最小 1.5°×1.5°
横摇稳定	±10°
波束分布	等角度/等距离可选
输入电压	110~240 VAC　50 Hz/60 Hz
平均功耗	100 W
声呐头异物防护	防水防尘级别（IP67）
电缆长度	25 m（标准）　可选 15 m、50 m 或 100 m
工作温度	−10~40℃
存储温度	−40~70℃
接收阵尺寸	456 mm（长）×215 mm（宽）×145 mm（高）
发射阵尺寸	275 mm（长）×115 mm（宽）×83 mm（高）
声呐头重量	空气中 13.9 kg
甲板单元尺寸	315 mm（长）×215 mm（宽）×105 mm（高）
甲板单元重量	2.95 kg
耐压水深（声呐头）	50 m
质保期	1 年

图 4-10　无锡海鹰海洋 HY1621 多波束测深仪示意图

九、中科探海（苏州）海洋科技有限责任公司多波束测深仪

中科探海一体化高清声学成像模块为一款高集成度、具备国际领先水平的声学成像产品。该产品集成有高精度下视多波束测深仪和高分辨率侧视自适应孔径成像仪，可应用于自主水下机器人的海底管线检查、地形地貌测绘和海底小目标探测等领域。产品采用一体化共型设计，流体阻力小，大大降低了水下机器人载体设计的复杂度（表4-11，图4-11）。

表4-11 中科探海一体化高清声学成像模块主要技术指标

指标项	指标参数
水下无人平台声学舱段	
尺寸	直径200 mm，长600 mm
重量	18 kg
机械接口	可定制
供电接口	18~36 VDC
通信接口	千兆以太网
高精度水下多波束测深仪	
垂直波束宽度	1°，水平开角140°
水平波束宽度	0.5°
距离分辨率	2 cm
测深精度	10 cm
作用距离	200 m
高分辨率侧视自适应孔径成像仪（采用自适应孔径成像技术，航迹方向与垂直航迹方向均为恒定分辨率）	
分辨率	2.5 cm×2.5 cm
垂直开角	38°
作用距离	200 m
典型航速	1~6 kn

图 4-11　中科探海一体化高清声学成像模块示意图

十、北京海卓同创公司多波束测深仪

北京海卓同创 MS400P 小精灵多波束测深仪具有以下优点：体积小，234 mm×208 mm×99 mm（长×宽×高）；重量轻，整机重量约 8. 25 kg（换能器重约 6. 35 kg，甲板单元重约 1. 9 kg）；功耗低，小于 40 W，一块普通电动车锂电池就可以工作 8 h；携带方便、适用多种小型无人平台，安装和单波束一样快捷方便；集成化程度高，内置高精度姿态仪、GNSS 板卡，不借助外界设备的情况下也可以获得高精度测量成果（表 4-12，图 4-12）。

表 4-12　北京海卓同创 MS400P 小精灵多波束测深仪主要技术指标

指标项	指标参数	指标项	指标参数
工作频率	400 kHz	深度分辨率	0. 75 cm
波束数	512	测量模式	等角/等距
垂直接收航迹波束宽度	1°	最大频率	60 Hz
平行发射航迹波束宽度	2°	信号形式	CW/Chirp
波束开角范围	143°	脉冲宽度	15 μs~8 ms
测深范围	0. 2~150 m	耐压等级	50 m

图 4-12　北京海卓同创 MS400P 小精灵多波束测深仪示意图

十一、北京星天海洋公司多波束测深仪

（一）北京星天海洋 Geo Beam 2040 宽带浅水多波束测深系统（表4-13）

北京星天海洋 Geo Beam 2040 宽带浅水多波束测深系统是一套集 Geo Beam Control 显控软件、Geo Beam Survey 采集软件和 Geo Beam Process 后处理软件于一身的高效率、高精度、高分辨率宽带浅水多波束测深设备，实现190~420 kHz 的频率连续在线可调，实现多种地形显示效果展示。Geo Beam 2040 宽带浅水多波束测深系统广泛应用于各种浅海测绘工作，尤其在大面积的扫海测量作业中可极大地提高测绘效率。

表4-13　北京星天海洋 Geo Beam 2040 宽带浅水多波束测深系统主要技术指标

指标项	指标参数
工作频率	190~420 kHz，在线持续可调，步进10 kHz
最大波束开角	140°
最大垂直航迹波束宽度	1°
最大平行航迹波束宽度	0.5°
波束数	最大512个
探测范围	0.5~500 m
最大帧率	60 Hz
测深分辨率	0.625 cm
Roll 稳定	±10°
Pitch 稳定	±7°
发射单元尺寸	349 mm×125 mm×147 mm
接收单元尺寸	450 mm×160 mm×147 mm
重量	19 kg（钛合金）
接口盒尺寸	280 mm×250 mm×62 mm
接口盒重量	3.4 kg
电缆长度	15 m，可定制
供电要求	AC 220 V / DC 24 V

续表 4-13

指标项	指标参数
功耗	典型 100 W
耐压深度	50 m
存储温度	$-20\sim55℃$
工作温度	$-2\sim40℃$

（二）北京星天海洋 Geo Beam 200 浅水多波束测深系统（表 4-14，图 4-13）

Geo Beam 200 浅水多波束测深系统利用水下换能器阵列的波束形成技术，能够在水下形成多个不同角度的探测波束，从而实现条带式的探测。与传统的单波束测深系统相比，多波束探测能获得一个条带覆盖区域内多个测量点的海底深度值，实现了从"点—线"测量到"线—面"测量的跨越，具有高效率、高精度和高覆盖率的海底地形测量能力，可以广泛应用于各种浅海测绘工作。

表 4-14　北京星天海洋 Geo Beam 200 浅水多波束测深系统主要技术指标

指标项	指标参数
工作频率	200 kHz
最大波束开角	140°
垂直航迹波束宽度	2°
平行航迹波束宽度	1°
波束数	最大 512 个
探测范围	$0.5\sim500$ m
最大帧率	60 Hz
测深分辨率	1.25 cm
波束 Roll 稳定	±10°
发射单元尺寸	240 mm×120 mm×160 mm
接收单元尺寸	445 mm×117 mm×160 mm
湿端重量	19 kg
电缆长度	15 m，可定制

续表 4-14

指标项	指标参数
供电要求	AC 220 V±10%，50 Hz±5%
功耗	最大 200 W
耐压深度	50 m
存储温度	−20~55℃
工作温度	−2~40℃

图 4-13　北京星天海洋 Geo Beam 200 浅水多波束测深系统示意图

十二、广州中海达公司多波束测深仪

（一）广州中海达 HD390 多探头多波束测深仪（表 4-15，图 4-14）

HD390 多探头多波束测深仪能同时获得几十个甚至数百个水深数据，把传统的"点—线"测量变成了"线—面"测量，实现全覆盖无盲区测量，在利用现代计算机技术进一步处理后，可获得平面或立体的测量成果图，是一款专门为浅海和江河湖泊等水下地形地貌测量而研制的尖端测深产品。

表 4-15　广州中海达 HD390 多探头多波束测深仪主要技术指标

指标项	指标参数
工作频率	高频 100~750 kHz（可调）

指标项	指标参数
最大发射功率	高频 500 W
测深范围	高频 0.5~100 m
测深准确度	±10 mm+0.1%水深，分辨率 1 cm
吃水调整范围	0~15 m
声速调整范围	1 370~1 700 m/s，分辨率 1 m/s
CPU	工业嵌入高速低功耗 CPU 主频 1.6 GHz
内存	工业嵌入式 DDR2 内存 1 GB
水深最大采样速率	每秒钟 30 次
存储	内置 4 GB CF 卡存储器（可定制）
串口	数据输出仿真多种格式，波特率可调
显示	高亮度 12 寸液晶显示屏，分辨率 1 024×768，600 CD/m²
外接端口	两个 RS-232 串口、三个 USB 口，一个 DC/AC 电源接口、换能器接口
供电电源	12 VDC 或 220 VAC，功耗 20 W
环境	工作温度-30~60℃，防水、防震
尺寸（长×宽×高）	440 mm×341 mm×164 mm
重量	9 kg

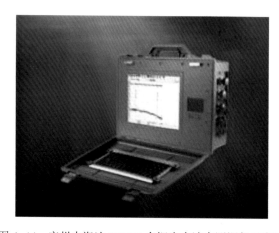

图 4-14　广州中海达 HD390 多探头多波束测深仪示意图

（二）广州中海达 iBeam 浅水多波束测深仪（表4-16，图4-15）

iBeam 浅水多波束测深仪是由中海达与中国科学院声学研究所联合研发，具有自主知识产权的高端浅水多波束测深系统。该系统在分辨率、测深准确度、整机性能等指标方面都达到了国际同类产品水平。

表4-16　广州中海达 iBeam 浅水多波束测深仪主要技术指标

指标项	指标参数
发射频率	200 kHz
波束覆盖角	30°~160°可调
水深分辨率	1.25 cm
波束角	发射波束宽度2°，接收波束宽度1°
波束数	320
测深范围	0.5~500 m
声呐换能器耐压水深	50 m
频率	20 Hz
脉宽	30~3 000 μs
俯仰角稳定度	±10°
输入电压	110 VAC/220 VAC，50 Hz/60 Hz 平均300 W
功率（典型／最大）	200 W/400 W
温度（工作/存储）	声呐系统：-2~40℃/-30~55℃
	换能器端：-2~30℃/-30~55℃
换能器线缆长度	标配25 m（其他长度可定制）
发射单元	尺寸：320 mm×120 mm×190 mm，重量：约7.5 kg
接收单元	尺寸：520 mm×120 mm×190 mm，重量：约17.5 kg
工作模式	等角模式，等距模式

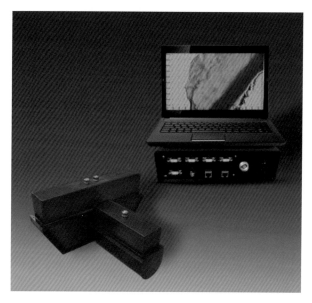

图 4-15　广州中海达 iBeam 浅水多波束测深仪示意图

第六节　主要应用领域

多波束测深仪是海上作业中最基本的测深仪器，广泛应用于海道测量、海洋工程测量、海洋划界、水下资源调查及其他科学研究用途，能高效地进行水下地形测绘，指导水下物品的准确布放；还能够在潜航器上浮、下潜过程以及对在水下地形复杂区域活动的航行安全进行有效保障（图 4-16）。

第七节　应用局限性

多波束测深仪能较精确地测量出海底深度并获得水体成像（Watercolumn），能得到直观的、精确定位的全覆盖三维海底地形图，然而多波束测深声呐波束脚印随着深度的增加而扩大，对远距离情况下的目标探测分辨率较低，对小目标的精细探测更为困难。

第八节　实例应用

多波束扫测可通过在排海管两侧各 40 m 的海底开展多波束扫测，从而了解海底管线铺设情况，掌握填埋区水深变化情况。以 Reson SeaBat 7125 多波束测深系统为例进行实例应用简介。

在完成设备安装后，首先对系统的纵摇、横摇和艏摇等进行调试和标定，并在重点水深区域与单波束策略结果进行比较，确保符合规范精度要求后，再开展外业数据采集和内业数据处理。

（1）外业数据采集。扫测计划线按平行中轴线的方向布设，测线间距采用 2.5 倍水深间距布设；扫测时，所有的多波束测线两端均延长 100 m，以使罗经充分稳定下来，保证测量数据的可靠性。实时采集 GPS 数据、多波束原始数据、IXSEA OCTANS 型光纤罗经运动传感器的罗经和三维涌浪数据，实时的水位数据及用 SVP 测定的声速数据。船速一般在 6 kn 以下。

（2）内业数据处理。内业数据处理采用 Caris 软件的 HIPS 模块进行，主要对采集来的数据进行：①对船姿数据和水深数据、导航数据进行检查、筛选；②对水深数据进行声速校正，加入实时潮位，对数据进行合并；③对合并后的数据进行精细过滤，对两条相邻测线重叠多余观测数据进行筛选、删除，保留高精度的水深数据；④利用 Caris HIPS 把 WGS84 坐标 XYZ 格式输出，经由 hypack 测量软件由三参数转换至制定坐标，并采用 CASS 软件进行成图等处理，并对水深数据设定合理的过滤参数，进而删除部分假信号。

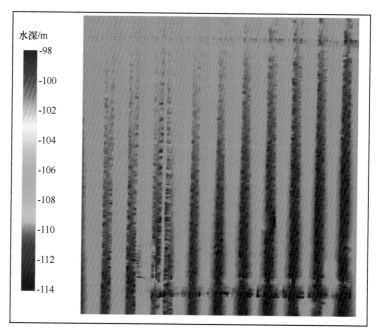

（a）

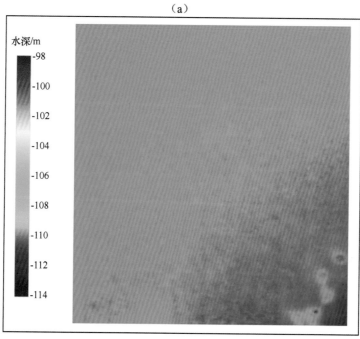

（b）

图4-16　多波束测深仪数据处理前（a）和处理后（b）的曲面示意图

第五章　侧扫声呐

第一节　概述

侧扫声呐是一种由英国国家海洋研究所 Tucker 和 Stubbs 在 1958 年发明的主动声呐。主要利用海底反向散射来实现对海底地形地貌信息的获取，形成海底地形地貌图像，是海洋地形地貌测量的必要仪器之一，也是海洋无人观测平台搭载的几类重点设备之一。侧扫声呐根据回波强度反映海底地形变化，其技术发展经历了分辨率相对较低的声干涉技术、分辨率较高的差分相位技术和高分辨率的三维成像技术三个阶段。

侧扫声呐的工作频率通常为几十赫兹到几百千赫兹，声脉冲持续时间数十毫秒，作用距离为数百米至数十千米，常规工作航速 3~6 kn，最高可达 20 kn。侧扫声呐近距离成像分辨率很高，可对 150 m 距离处直径 5 cm 的电缆有效探测。用于深海地质调查的远程侧扫声呐工作频率为数千赫兹，探测距离超过数千千米。侧扫声呐在针对大面积海域扫测过程中，可对声速、斜距、拖曳体距海底高度等参数进行校正，得到无畸变的图像，拼接后可绘制出准确的海底地貌图。从侧扫声呐地貌图上，能判读出泥、沙、岩石等不同底质。此外，也可以进一步通过信号处理技术在小视野放大图像，获得更多目标的成像细节。

侧扫声呐通常的工作方式有尾拖和舷挂侧拖，无论何种工作方式都需要借助拖鱼或水下移动平台开展探测，但测量船在航行时受到海面风浪、潮汐、洋流、涌浪等影响，使得拖鱼在水中左右摆动，可能影响测量的精度。随着 AUV 等海洋无人观测平台的出现，侧扫声呐可直接搭载在水下观测平台上，形成新的工作模式，其自主航行能力使得 AUV 搭载侧扫声呐的水下地貌测量具有独特的优势，成为近年来发展应用的热点。

第二节　国内外发展现状与趋势

一、国外发展现状与趋势

国外侧扫声呐的研发起步较早，早在 20 世纪 60 年代，英国海洋研究所推出首个实用型侧扫声呐系统。之后，世界各国相继研制了多种型号的侧扫声呐设备。20 世纪 80 年代，计算机的普及加快了侧扫声呐的数字化进程，从传感器阵列到数据采集以及信号处理都产生了系统性变革变化，侧扫声呐装备步入了数字化时代，为今天主流产品的形成奠定了基础。

目前，国外侧扫声呐产品以 Klein 和 Edgetech 两大品牌为主，其产品各具特色。美国 Klein 公司的 Klein 5000 系列侧扫声呐，采用多波束和数字动态聚焦技术，可在高速扫测状态下获得高分辨率地貌图像。美国 Edgetech 公司的 Edgetech 6205 声呐将条带测深和双频侧扫声呐系统高度集成，采用 10 个接收传感器和一个分布式传输器件，通过基于高速数据传输的多通道接收数据，有效地抑制了多途径效应、增强了反射回波，在浅水环境中具有较好的噪声抑制能力，可实时产生高分辨率的三维海底地形图。美国 Benthos 公司研发的 C3D 测深侧扫声呐系统采用多阵列换能器和加拿大 Simon Fraser 大学独家授权计算到达角度的瞬时成像（CAATI）专利算法，测深精度可达 5 cm，侧扫精度可达 4.5 cm。Ping DSP 公司的 DSS-DX-450 3D 侧扫声呐采用自主研发的 CAATI 技术，可以准确地显示水体和海底复杂的几何结构，可在浅水区完成精细成像。

随着海洋无人自主观测平台的出现，针对海洋无人观测平台的能源供给、物理空间等限制，美国 Klein 和 Edgetech 两家公司分别针对水面无人艇（USV）、波浪滑翔机（Wave Glider），水下的自主水下潜航器（AUV）、水下滑翔机（Uderwater Glider）、遥控无人潜水器（ROV）等各类海洋无人观测平台设计了无人平台专用侧扫声呐，美国 Klein 公司研制了 Klein UUV-3500 侧扫声呐、Klein AUV-5000 V2 侧扫声呐两款产品，美国 Edgetech 公司研制了 2200 和 2205 AUV 专用侧扫声呐。

二、国内发展现状与趋势

相比于国外侧扫声呐技术研究，国内相关方面的研发相对滞后。原华南理工学院和中国科学院声学研究所最早开始相关研究，1972 年和 1975 年分别研制出舷挂式和拖曳式的侧扫声呐。1996 年中国科学院声学研究所研制的 CS-1 型侧扫声呐系统，实现了 100 kHz 和 500 kHz 双频探测，解决了分辨率和作用距离的矛盾，达到了当时国际先进水平。

20 世纪 80 年代，国内相关单位开展了 AUV 搭载侧扫声呐的平台技术研究，并在智水系列、微龙系列 AUV 平台搭载侧扫声呐，充分显示了海洋无人自主观测平台搭载侧扫声呐进行海底地形测量的优势。此外，"蛟龙"号和"彩虹鱼"号等载人潜水器的重大突破，一定程度上也促进了声呐载荷技术的发展。自 2000 年以来，国内相关单位加快了视侧扫声呐的国产化进程，但目前国内海洋无人自主观测平台主要使用国外产品，国内尚未形成针对海洋无人自主观测平台搭载的专型商业化侧扫声呐。

三、主要差距

目前，国内侧扫声呐主要在声图像后处理、小型化、集成度和制作工艺等方面与国外有一定差距，并且尚未形成针对海洋无人自主观测平台上专用的侧扫声呐产品体系。

第三节　系统组成和工作原理

一、主要组成

侧扫声呐主要由换能器基阵、信号处理机及连接电缆组成。其中，换能器基阵可以是收发分置的，也可以是收发合置的。换能器基阵可以与信号处理机作为整体便于拖鱼等载体安装，也可以采用分体式结构，便于搭载在 AUV、ROV 等平台上。

搭载在拖鱼上的侧扫声呐系统一般包括甲板系统（干端）和拖鱼系统（湿端），其中，甲板系统主要包括记录器、声呐处理器、声呐接收机、甲板电缆、滑环、电缆绞车等；拖鱼系统主要包括尾翼、电子水密舱、收发换能器线阵、拖钩、拖缆等。

二、工作原理

侧扫声呐的基本工作原理与侧视雷达类似。如图 5-1 所示，侧扫声呐在鱼体左右各安装一条换能器线阵，首先发射一个声脉冲，声波按向外传播，碰到海底或水中物体会产生散射，其中的反向散射波（也叫回波）会返回到接收阵列，经声电转换成一系列电信号。一般情况下，硬的、粗糙的、凸起的海底，回波强；软的、平滑的、凹陷的海底回波弱，被遮挡的海底没有回波，距离越远回波越弱。如图 5-2 所示，①点是发射脉冲，正下方海底回波为②点，因回波点垂直入射，回波是正反射，回波很强。海底从④点开始向上突起，⑥点为顶点，所以④点、⑤点、⑥点间的回波较强，但是这三点到换能器的距离是以⑥点最近，④点最远，所以回波返回到换能器的顺序是⑥点、⑤点、④点，这也反映了斜距和平距引起到达时刻的差异。⑥点与⑦点间海底是没有回波的，这是被凸起海底遮挡的影区。⑧点与⑨点间海底是下凹的，⑧点与⑨点间海底也是被遮挡的，没有回波，也是影区。

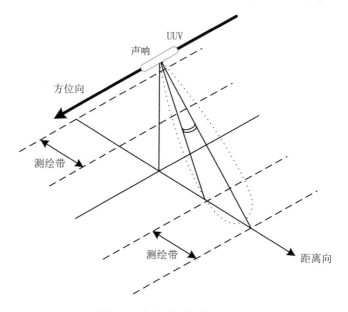

图 5-1　侧扫声呐工作示意图

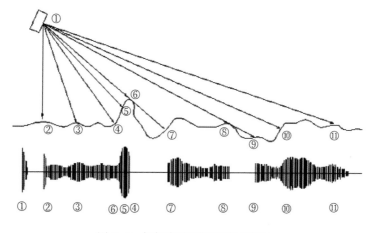

图 5-2　侧扫声呐回波强度示意图

第四节　主要分类

通常情况下，侧扫声呐可以从工作原理、工作方式、工作水深等不同角度进行分类。

从工作原理角度来看，侧扫声呐可分为线性调频脉冲（Chirp）侧扫声呐和连续单频脉冲（CW）侧扫声呐；从工作方式角度来看，侧扫声呐可分为拖曳式和舷挂式，两种工作方式都需要依托拖鱼进行探测；从工作水深角度来看，可分为浅水型和深水型侧扫声呐，分别适用于浅海和深海的地貌测量。

第五节　主流产品介绍

一、美国 Edgetech 公司侧扫声呐

Edgetech 2200 型和 2205 型侧扫声呐是一个紧凑、可灵活配置的模块化声呐系统，是专为 UUV/AUV、ROV、USV 和其他拖曳平台上安装和使用而设计的，可集成到第三方水下潜航器上。该系统采用了全频谱@调频处理技术、多脉冲技术（未来功能）、动态阵列聚焦（可选）和动态孔径声呐阵列等技术，全频谱@调频处理技术通过增加带宽提升分辨率和改善信噪比来提高远距离探测能力，多脉冲技术可同时在水中发射多达 4 个脉冲，从而使测绘速度比传统的单脉冲侧扫声呐系统提高了 4 倍，并且使得打到目标上的帧率显著增加，从而提高了目标的成像能力，Edgetech 独有的动态聚焦阵列可提高成像分辨率，并在更长距离内实现更好的目标识别能力（表 5-1，图 5-3）。

表 5-1　美国 Edgetech 公司 2200 型和 2205 型侧扫声呐主要技术指标

指标项	指标参数
工作频率	75~1 600 kHz
可选浅地层剖面仪	500~24 kHz
可选双频工作	75 kHz/120 kHz
	75 kHz/410 kHz
	100 kHz/400 kHz
	230 kHz/850 kHz
	600 kHz/1 600 kHz

指标项	指标参数
可选三频工作	230 kHz/540 kHz/1 600 kHz
探测距离	最大约 500 m

图 5-3　美国 Edgetech 公司 2200 型和 2205 型侧扫声呐示意图

从软件角度来说，该系统可以根据客户的应用程序进行模块化配置，也可以以完整的形式提供。2200 型和 2205 型的电子设备封装在压力容器内，也可以将核心电子设备安装在机箱主板上，以便客户可以将系统集成到 AUV 或 ROV 压力外壳中。两种形式下，都可将换能器阵列安装在水下潜航器的可接受位置，最好远离推进器。该系统可以通过简单的记录和存储数据而独立于托管平台运行，也可以配置在执行任务的水下自主潜航器上，并进行互操作。

二、美国 Klein 公司侧扫声呐

（一）美国 Klein 公司 UUV-3500 深海双频侧扫声呐（表 5-2，图 5-4）

Klein 公司 UUV-3500 深海双频侧扫声呐是一款专门为 ROV、AUV 设计的大深度侧扫声呐设备，最大工作深度可达 6 000 m。该系统采用了宽带技术，低功耗、紧凑、轻巧，为海洋无人平台提供了高性能侧扫声呐。该系统的电子设备可轻松集成到各类中型至大型 AUV 平台中，也可提供防水密封外壳配置，用于 ROV、潜器和拖曳安装。还具备可选的测深、浅地层剖面功能。

表 5-2　美国 Klein 公司 UUV-3500 深海双频侧扫声呐主要技术指标

指标项	指标参数	
工作频率	100 kHz/400 kHz	100 kHz/400 kHz，75 kHz/400 kHz
脉冲技术	宽频 Chirp 或 CW	宽频 Chirp 或窄带 Chirp 或 CW
分辨率	9.6 cm@100 kHz，2.4 cm@400 kHz	2.4 cm@75 kHz，2.4 cm@100 kHz，1.2 cm@400 kHz
波束宽度	0.76°@100 kHz，0.32°@400 kHz	1.0°@75 kHz，0.76°@100 kHz，0.32°@400 kHz
典型范围	600 m@100 kHz，200 m@400 kHz	1 500 m@75 kHz，750 m@100 kHz，200 m@400 kHz
数据输出	SDF 或 XTF	SDF 或 XTF
总尺寸	114 mm×464 mm	905 mm×231 mm
总重量	干 12.7 kg/湿 7.7 kg	干 40.9 kg/湿 10 kg
换能器尺寸	942 mm×51 mm×28 mm	1 028 mm×182 mm×63 mm（100 kHz/400 kHz） 1 028 mm×214 mm×79 mm（75 kHz/400 kHz）
换能器重量	干 3.6 kg/湿 2.3 kg	干 40.6 kg/湿 28.4 kg（100 kHz/400 kHz） 干 57.5 kg/湿 40.2 kg（100 kHz/400 kHz）
供电	20~32 VDC	215~325 VDC
工作水深	3 000 m	6 000 m

图 5-4　美国 Klein 公司 UUV-3500 深海双频侧扫声呐示意图

（二）美国 Klein 公司 AUV/UUV 3500 高分辨率侧扫声呐（表5-3，图5-5）

Klein 公司 AUV/UUV 3500 高分辨率侧扫声呐是一款专门为 ROV/AUV 设计的高分辨率侧扫声呐产品。该系统采用了宽带技术、多通道处理技术，优化了两个不同的并发输出数据流，低功耗、紧凑、轻巧、高分辨率，为海洋无人平台提供了高性能的侧面扫描范围和分辨率。此外，该声呐还可选配测深功能。

表5-3　美国 Klein 公司 AUV/UUV 3500 高分辨率侧扫声呐主要技术指标

指标项	指标参数
工作频率	455 kHz/900 kHz
脉冲技术	FM Chirp（1 ms, 2 ms, 4 ms, 8 ms）
分辨率	2.4 cm
波束宽度	水平 0.34°，垂直 45°
典型范围	150 m@ 455 kHz, 75 m@ 900 kHz
数据输出	SDF
总尺寸	76.2 mm×101.6 mm×381 mm
换能器尺寸	559 mm×44.45 mm×25.4 mm
换能器重量	干 0.82 kg/湿 0.45 kg
换能器尺寸（带测深）	577.85 mm×98.8 mm×28.95 mm
换能器重量（带测深）	干 3.4 kg/湿 1.81 kg
供电	20~32 VDC
工作水深	600 m

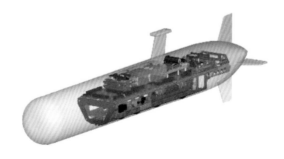

图5-5　美国 Klein 公司 AUV/UUV 3500 高分辨率侧扫声呐示意图

（三）美国 Klein 公司 AUV/UUV 5000 V2 多波束侧扫声呐（表 5-4，图 5-6）

AUV/UUV 5000 V2 多波束是一款专门用于水下自主航行器的侧扫声呐，主要用于浅水调查，可选测深功能。该系统在每一侧同时生成八个相邻的声呐波束，同时采用先进的波束控制和动态聚焦，以实现"沿航迹"的高分辨率，这是单波束或多脉冲侧扫技术无法实现的。

表 5-4　美国 Klein 公司 AUV/UUV 5000 V2 多波束侧扫声呐主要技术指标

指标项	指标参数
波束数	8（左）、8（右）
工作频率	455 kHz
脉冲类型（CW/FM）	50 μs CW，4 ms/8 ms/16 ms Chirp
距离向分辨率	10 cm~38 m 0.14°增加： 20 cm@ 75 m 36 cm@ 150 m 50 cm@ 250 m
方位向分辨率	3.75 cm 所有脉冲长度
操作范围	250 m（500 m swath）勘察模式
传感器	Roll，Pitch & Heading（标准）
深度范围	500 m
功耗	85~110 W
数据输出	100BaseT 以太局域网

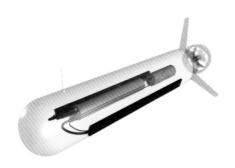

图 5-6　美国 Klein 公司 AUV/UUV 5000 V2 多波束侧扫声呐示意图

三、北京海卓同创公司侧扫声呐

（一）北京海卓同创 SS900U 微小型一体化侧扫声呐（表 5-5，图 5-7）

海卓同创 SS900U 微小型一体化侧扫声呐产品是专门针对各类海洋无人平台以及各种小型载体而设计的多频率可选的外挂式一体化产品，具有体积小、重量轻、功耗低、结构简单、操作方便、全面开放等特点。该型声呐采用自主研发的自适应波形调整技术，结合宽带信号处理和图像均衡技术，能够对水下各类小目标和复杂结构进行大范围清晰成像，适合各类水下安全领域、水下探测领域、应急搜救领域以及公共安全等领域应用。

表 5-5 北京海卓同创 SS900U 微小型一体化侧扫声呐主要技术指标

指标项	指标参数
工作频率	900 kHz
沿航迹向分辨率	0.07 m@ 20 m；0.17 m@ 50 m；0.26 m@ 75 m
垂直航迹向分辨率	1 cm@ 900 kHz
最大斜距	75 m@ 900 kHz
垂直波束宽度	0.2°（标准尺寸下水平波束宽度）
平行波束宽度	50°
设备耐压	50 m（标准）
功耗	10~15 W
数据输出	CW/Chirp

图 5-7 北京海卓同创 SS900U 微小型一体化侧扫声呐示意图

（二）北京海卓同创 SS3060（海鸥）双频高清侧扫声呐（表5-6，图5-8）

海卓同创 SS3060（海鸥）双频高清宽带侧扫声呐是一款专门为通用型需求客户设计的产品。该产品采用了宽带信号处理、可变孔径、软硬件结合图像均衡和4K高清显示技术等技术，较好地兼顾了大扫款和高清晰的使用需求。可适用于各种浅水水域、广泛应用于水下工程检测、管线路由调查、消防应急搜救、水下考古勘测、海洋牧场调查和环保暗管排查等多个领域。

表5-6 北京海卓同创 SS3060（海鸥）双频高清侧扫声呐主要技术指标

指标项	指标参数
工作频率	300 kHz/600 kHz 双频
沿航迹向分辨率	300 kHz：0.24 m@ 50 m/0.49 m@ 100 m/0.73 m@ 150 m 600 kHz：0.09 m@ 20 m/0.23 m@ 50 m/0.34 m@ 75 m
垂直航迹向分辨率	2.5 cm@ 300 kHz/1.25 cm@ 600 kHz
最大斜距	230 m@ 300 kHz/120 m@ 600 kHz
垂直波束宽度	50°
平行波束宽度	0.28°@ 300 kHz/0.26°@ 600 kHz
设备耐压深度	300 m（可定制）
数据输出	CW/Chirp
尺寸	1 200 mm×100 mm（长×直径）
重量	25 kg（空气中）、12 kg（水中）

图5-8 北京海卓同创 SS3060（海鸥）双频高清侧扫声呐示意图

（三）北京海卓同创 ES1000 微小型嵌入式侧扫声呐（表 5-7，图 5-9）

海卓同创 ES1000 是专门针对各类水下无人平台以及各类水面无人船而专门设计的多频率可选的微小型嵌入式侧扫声呐产品。海卓 ES1000 的换能器可选工作频率范围为 100~2 000 kHz，可实现单频、双频、多频组合，可提供标准版和用户定制版，适合各类水下安全领域、水下探测领域集成应用。

表 5-7　北京海卓同创 ES1000 微小型嵌入式侧扫声呐主要技术指标

指标项	指标参数
工作频率	100~2 000 kHz 可选
沿航迹向分辨率	300 kHz：0. 41 m@ 50 m；0. 82 m@ 100 m；1. 23 m@ 150 m 450 kHz：0. 26 m@ 50 m；0. 39 m@ 75 m；0. 52 m@ 100 m 600 kHz：0. 09 m@ 20 m；0. 23 m@ 50 m；0. 34 m@ 75 m 900 kHz：0. 07 m@ 20 m；0. 17 m@ 50 m；0. 26 m@ 75 m
垂直航迹向分辨率	2 cm@ 300 kHz；1. 5 cm@ 450 kHz；1. 25 cm@ 600 kHz；1 cm@ 900 kHz
最大斜距	230 m@ 300 kHz；150 m@ 450 kHz；120 m@ 600 kHz；75 m@ 900 kHz
垂直波束宽度	50°
平行波束宽度	0. 47°@ 300 kHz；0. 3°@ 450 kHz；0. 26°@ 600 kHz；0. 2°@ 900 kHz
设备耐压深度	1 000 m（标准）/3 000 m（定制）
功耗	10~15 W
数据输出	CW/Chirp
换能器尺寸	430 mm×25 mm×20 mm（长×宽×高）
电子系统尺寸	127 mm×58 mm×27 mm（长×宽×高）
重量	25 kg（空气中）、12 kg（水中）

四、北京蓝创海洋公司侧扫声呐

（一）北京蓝创海洋 Shark-S150T 三频侧扫声呐（表 5-8，图 5-10）

Shark-S150T 三频侧扫声呐是一款可适用于浅水或深水水域测量的多频率多功能声呐，具备 150 kHz、450 kHz、900 kHz 三种频率同步发射接收，标配 Chirp 调频信号处理技术，既可以实现大范围扫宽，也能保证超高分辨率的成像。系统超低功耗设计，既可以采用交流供电，也可以采用蓄电池逆变供电，包含强

图 5-9 北京海卓同创 ES1000 微小型嵌入式侧扫声呐示意图

耐压不锈钢拖鱼，高强度凯夫拉电缆，防水甲板单元和自主 OTech 声呐软件。

拖鱼可单人简单操作收放和施测，具有拖曳、船底安装及侧舷固定等使用方式，具有水下拖曳过载保护销设计，可有效起到撞击保护作用，保障拖鱼水下安全。此外，拖鱼流体力学设计，拖曳姿态更加稳定。自主 OTech 软件具有声呐图像显示、测线规划和导航、轨迹跟踪和覆盖显示、数据记录和回放、目标管理及导出、传感器信息多窗口显示等功能。声图像自适用均衡处理技术，实现远、近处图像一致性显示。可输出标准 XTF 格式数据，支持第三方后处理软件处理，并且可以根据具体需求定制。

表 5-8 北京蓝创海洋 Shark-S150T 三频侧扫声呐主要技术指标

指标项	指标参数
声呐指标	Shark-S150T
工作频率	150 kHz/450 kHz/900 kHz，三频同步工作
信号类型	LFM（线性调频）/ CW
最大量程	450 m @ 150 kHz，150 m @ 450 kHz，75 m @ 900 kHz
波束开角	水平：0.6° @ 150 kHz，0.2° @ 450 kHz，0.2° @ 900 kHz 垂直：50°
分辨率	航迹分辨率：0.01 h（量程）@ 150 kHz，0.003 h（量程）@ 450 kHz，0.003 h（量程）@ 900 kHz； 垂直航迹分辨率：1.25 cm
换能器安装角	水平向下倾斜 10°、15°、20°可调，出厂安装 20°

续表 5-8

指标项	指标参数
最大工作深度	2 000 m
标配内置传感器	测深仪，姿态仪（纵摇、横摇、方位），压力传感器
拖鱼尺寸/重量	1 264 mm×105 mm（长×直径）/ 32 kg（空气中）
甲板单元尺寸/重量	210 mm×150 mm×50 mm / 1 kg
供电功耗	220 VAC/110 VAC，平均功耗 45 W
声呐软件 OTech	Windows 系统，支持 NMEA 0183 定位导航格式数据输入；可同时输出 OTSS、XTF 两种格式的数据
拖曳缆	Kevlar 加强缆，标配长度：50 m（可选 250 m）；绞车可选

图 5-10　北京蓝创海洋 Shark-S150T 三频侧扫声呐示意图

（二）北京蓝创海洋 Shark-S150D 双频侧扫声呐（表 5-9，图 5-11）

Shark-S150D 双频侧扫声呐是一款可适用于浅水或深水水域测量的多用途声呐，具备 150 kHz 和 450 kHz 双频同步发射接收以及 Chirp 调频处理技术，既可以实现大范围扫宽，也能保证高分辨率的成像。该系统同样包含强耐压不锈钢拖鱼，高强度凯夫拉电缆，防水甲板单元和自主 OTech 声呐软件。

表 5-9　北京蓝创海洋 Shark-S150D 双频侧扫声呐主要技术指标

指标项	指标参数
声呐指标	Shark-S150D
工作频率	150 kHz/450 kHz，双频同步工作
信号类型	LFM（线性调频）/ CW
最大量程	450 m @ 150 kHz，150 m @ 450 kHz

指标项	指标参数
波束开角	水平: 0.6°@150 kHz, 0.2°@450 kHz 垂直: 50°
分辨率	航迹分辨率: 0.01 h (量程)@150 kHz, 0.003 h (量程)@450 kHz; 垂直航迹分辨率: 1.25 cm
换能器安装角	水平向下倾斜 10°、15°、20°可调, 出厂安装 20°
最大工作深度	2 000 m
标配内置传感器	测深仪, 姿态仪 (纵摇、横摇、方位), 压力传感器
拖鱼尺寸/重量	1 264 mm×105 mm (长×直径) / 29 kg (空气中)
甲板单元尺寸/重量	210 mm×150 mm×50 mm / 1 kg
供电功耗	220 VAC/110 VAC, 40 W
声呐软件 OTech	Windows 系统, 支持 NMEA 0183 定位导航格式数据输入; 可同时输出 OTSS、XTF 两种格式的数据
拖曳缆	Kevlar 加强缆, 标配长度: 50 m (可选 250 m); 绞车可选

图 5-11　北京蓝创海洋 Shark-S150D 双频侧扫声呐示意图

（三）北京蓝创海洋 Shark-S450D 双频侧扫声呐（表 5-10, 图 5-12）

Shark-S450D 双频侧扫声呐是一款超高分辨率的多用途声呐, 具备 450 kHz 和 900 kHz 双频同步发射接收以及 Chirp 调频信号处理技术, 沿航迹方向 0.2°的超窄波束开角, 既保证足够的覆盖宽度, 也能保证超高分辨率的成像, 更精细地实现小目标的探测。系统超低功耗设计, 既可以采用交流供电, 也可以采用蓄电池逆变供电，包含强耐压不锈钢拖鱼，高强度凯夫拉电缆，防水甲板单元和自主 OTech 声呐软件。

表 5-10　北京蓝创海洋 Shark-S450D 双频侧扫声呐主要技术指标

指标项	指标参数
声呐指标	Shark-S450D
工作频率	450 kHz/900 kHz，双频同步工作
信号类型	LFM（线性调频）/CW
最大量程	150 m @ 450 kHz，75 m @ 900 kHz
波束开角	水平：0.2° @ 450 kHz，0.2° @ 900 kHz 垂直：50°
分辨率	航迹分辨率：0.003 h（量程）@ 450 kHz，0.003 h（量程）@ 900 kHz； 垂直航迹分辨率：1.25 cm
换能器安装角	水平向下倾斜 10°、15°、20°可调，出厂安装 20°
最大工作深度	2 000 m
标配内置传感器	测深仪，姿态仪（纵摇、横摇、方位），压力传感器
拖鱼尺寸/重量	1 143 mm×105 mm（长×直径）/ 25 kg（空气中）
甲板单元尺寸/重量	210 mm×150 mm×50 mm / 1 kg
供电功耗	220 VAC/110 VAC，最大 30 W
声呐软件 OTech	Windows 系统，支持 NMEA 0183 定位导航格式数据输入； 可同时输出 OTSS、XTF 两种格式的数据
拖曳缆	Kevlar 加强缆，标配长度：50 m（可选 250 m）；绞车可选

图 5-12　北京蓝创海洋 Shark-S450D 双频侧扫声呐示意图

（四）北京蓝创海洋 Shark-S300D 双频侧扫声呐（表 5-11，图 5-13）

Shark-S300D 双频侧扫声呐是一款可适用于浅水或深水水域测量的多用途声呐，具备 300 kHz 和 600 kHz 双频同步发射接收以及 Chirp 调频信号处理技术，既可以实现大范围扫宽，也能保证高分辨率的成像。系统超低功耗设计，既可以采用交流供电，也可以采用蓄电池逆变供电，包含强耐压不锈钢拖鱼，高强度凯夫拉电缆，防水甲板单元和自主 OTech 声呐软件。

表 5-11　北京蓝创海洋 Shark-S300D 双频侧扫声呐主要技术指标

指标项	指标参数
声呐指标	Shark-S300D
工作频率	300 kHz/600 kHz，双频同步工作
信号类型	LFM（线性调频）/ CW
最大量程	250 m @ 300 kHz，120 m @ 600 kHz
波束开角	水平：0.3° @ 300 kHz，0.2° @ 600 kHz 垂直：50°
分辨率	航迹分辨率：0.005 h（量程）@ 300 kHz，0.003 h（量程）@ 600 kHz； 垂直航迹分辨率：1.25 cm
换能器安装角	水平向下倾斜 10°、15°、20°可调，出厂安装 20°
最大工作深度	2 000 m
标配内置传感器	姿态仪（纵摇、横摇、方位），压力传感器
拖鱼尺寸/重量	1 143 mm×105 mm（长×直径）/ 25 kg（空气中）
甲板单元尺寸/重量	210 mm×150 shmm×50 mm / 1 kg
供电功耗	220 VAC/110 VAC，最大 30 W
声呐软件 OTech	Windows 系统，支持 NMEA 0183 定位导航格式数据输入； 可同时输出 OTSS、XTF 两种格式的数据
拖曳缆	Kevlar 加强缆，标配长度：50 m

图 5-13 北京蓝创海洋 Shark-S300D 双频侧扫声呐示意图

(五) 北京蓝创海洋 Shark-S450D 超高清双频嵌入型侧扫声呐 (表 5-12, 图 5-14)

Shark-S450D 超高清嵌入型侧扫声呐是一款超高分辨率的多用途声呐, 具备 450 kHz 和 900 kHz 双频同步发射接收以及 Chirp 调频信号处理技术, 沿航迹方向 0.2°的超窄波束开角, 既保证足够的覆盖宽度, 也保证超高分辨率的成像, 更精细实现小目标的探测。该系统采用超低功耗设计, 可选用 18~36 V 直流供电, 包含两条强耐压换能器阵、水下密封电子仓、通信电源缆和自主 OTech 声呐软件。

表 5-12 北京蓝创海洋 Shark-S450D 超高清双频嵌入型侧扫声呐主要技术指标

指标项	指标参数
声呐指标	Shark-S450D
工作频率	450 kHz/900 kHz, 双频同步工作
信号类型	LFM (线性调频) / CW
最大量程	150 m @ 450 kHz, 75 m @ 900 kHz
波束开角	水平: 0.2° @ 450 kHz, 0.2° @ 900 kHz 垂直: 50°
分辨率	航迹分辨率: 0.003 h (量程) @ 450 kHz, 0.003 h (量程) @ 900 kHz; 垂直航迹分辨率: 1.25 cm
换能器安装角	水平向下倾斜 15°~20°安装最佳
最大工作深度	2 000 m
分体换能器阵列尺寸/重量	780 mm×58 mm×25 mm (长×宽×厚) /4.6 kg
分体密封电子仓尺寸/重量	364 mm×105 mm (长×直径) /5 kg (空气中)
同步功能 (可选)	声同步可设置为输出或者输入, RS-422 接口模式

续表 5-12

指标项	指标参数
供电功耗	18~36 VDC 输入，最大 30 W
声呐软件 OTech	Windows 系统，支持 NMEA 0183 定位导航格式数据输入； 可同时输出 OTSS、XTF 两种格式的数据
通信电源缆	Kevlar 加强缆，标配长度：2 m（可选其他长度）

图 5-14 北京蓝创海洋 Shark-S450D 超高清双频嵌入型侧扫声呐示意图

（六）北京蓝创海洋 Shark-S450S 单频侧扫声呐（表 5-13，图 5-15）

Shark-S450S 单频侧扫声呐是一款小巧轻便、便携易用、超低功耗的高分辨率声呐，具备 450 kHz 的 Chirp 调频信号处理技术，每侧 150 m 量程，保证足够的覆盖宽度，沿航迹方向 0.3° 波束开角，保证高分辨率成像。该系统采用超低功耗设计，既可以采用交流供电，也可以采用蓄电池逆变供电，含强耐压不锈钢拖鱼、高强度凯夫拉电缆、防水甲板单元和自主 OTech 声呐软件。

表 5-13 北京蓝创海洋 Shark-S450S 单频侧扫声呐主要技术指标

指标项	指标参数
声呐指标	Shark-S450S
工作频率	450 kHz
信号类型	LFM（线性调频）/ CW
最大量程	150 m
波束开角	水平：0.3° 垂直：50°

指标项	指标参数
分辨率	航迹分辨率: 0.005 h (量程) 垂直航迹分辨率: 1.25 cm
换能器安装角	20°
最大工作深度	1 000 m
拖鱼尺寸/重量	767 mm×105 mm (长×直径) / 12 kg (空气中)
甲板单元尺寸/重量	170 mm×120 mm×70 mm / 0.8 kg
供电功耗	220 VAC/110 VAC 或 DC 12 V 逆变输入, 最大 15 W
声呐软件 OTech	Windows 系统, 支持 NMEA 0183 定位导航格式数据输入; 可同时输出 OTSS、XTF 两种格式的数据
拖曳缆	Kevlar 加强缆, 标配长度: 20 m

图 5-15　北京蓝创海洋 Shark-S450S 单频侧扫声呐示意图

(七) 北京蓝创海洋 Shark-S900U 侧扫声呐 (表 5-14, 图 5-16)

Shark-S900U 侧扫声呐是一款小巧轻便、便携易用、超低功耗的超高分辨率声呐, 具备 900 kHz 的 Chirp 调频信号处理技术, 沿航迹方向 0.2°波束开角, 保证超高分辨率成像。该系统采用超低功耗设计, 直接通过电瓶直流供电即可, 拖鱼结构可靠耐用, 小巧轻便, 水下耐压深度高达 500 m。

Shark-S900U 有一体版和分体版两个版本。分体版由两条换能器阵和电子仓组成, 电子仓也分密封版和非密封版本, 可供无人船或水下机器人等平台嵌入使用。

表 5-14 北京蓝创海洋 Shark-S900U 侧扫声呐主要技术指标

指标项	指标参数
声呐指标	Shark-S900U
工作频率	900 kHz
信号类型	LFM（线性调频）/ CW
最大量程	75 m
波束开角	水平：0.2° 垂直：50°
分辨率	航迹分辨率：0.003 h（量程） 垂直航迹分辨率：1.25 cm
换能器安装角	20°
最大工作深度	500 m
一体版拖鱼尺寸/重量	637 mm×105 mm（长×直径）/ 7.5 kg（空气中）
分体版单个换能器尺寸/重量	517 mm×58 mm（长×宽）/ 2 kg（水平开角 0.2°） 317 mm×58 mm（长×宽）/ 1.5 kg（水平开角 0.3°）
分体版非密封电子仓尺寸/重量	211 mm×155 mm（长×宽）/ 1.8 kg
分体版密封电子仓尺寸/重量	240 mm×105 mm（长×直径）/ 2.1 kg
供电功耗	DC 18~36 V 输入，最大 15 W
声呐软件 OTech	Windows 系统，支持 NMEA 0183 定位导航格式数据输入； 可同时输出 OTSS、XTF 两种格式的数据
数据缆	Kevlar 加强缆，标配长度：2 m（可选其他长度）

图 5-16 北京蓝创海洋 Shark-S900U 侧扫声呐示意图

（八）北京蓝创海洋 Shark-S900P 微小嵌入型侧扫声呐（表5-15，图5-17）

Shark-S900P 侧扫声呐是一款小巧轻便、便携易用、超低功耗的高分辨率声呐，具备 900 kHz 的 Chirp 调频信号处理技术，每侧 45m 量程，保证足够的覆盖宽度，沿航迹方向 0.3°波束开角，保证高分辨率成像。该系统采用超低功耗设计，可选用 9~18 V 直流宽电压供电。

Shark-S900P 由单条换能器阵和电子仓组成，可供无人船或水下无人潜器等平台嵌入使用，也可通过支架固定安装使用。换能器阵列结构可靠耐用，小巧轻便，水下耐压深度高达 300 m。

表 5-15　北京蓝创海洋 Shark-S900P 微小嵌入型侧扫声呐主要技术指标

指标项	指标参数
声呐指标	Shark-S900P
工作频率	900 kHz
信号类型	CW／LFM（线性调频）
最大量程（每侧）	45 m
波束宽度	水平：0.3° 垂直：50°
分辨率	航迹分辨率：0.005 h（量程米） 垂直航迹分辨率：1.25 cm
最大工作深度	300 m
换能器尺寸/重量（空气中）	285 mm×55 mm（长×宽）/1 kg
非密封电子仓尺寸/重量（空气中）	172 mm×100 mm×98 mm（长×宽×高）/1.5 kg
密封电子仓尺寸/重量（空气中）	240 mm×105 mm（长×直径）/2.1 kg
功耗	DC 9~18 V，最大 15 W
声呐软件 OTech	Windows 系统，支持 NMEA 0183 定位导航格式数据输入； 可同时输出 OTSS、XTF 两种格式的数据
换能器缆	标配长度：2.2 m

图 5-17　北京蓝创海洋 Shark-S900P 微小嵌入型侧扫声呐示意图

（九）北京蓝创海洋 Shark-S600S 单频侧扫声呐（表 5-16，图 5-18）

Shark-S600S 单频侧扫声呐是一款小巧轻便、便携易用、超低功耗的高分辨率声呐，具备 600 kHz 的 Chirp 调频信号处理技术，具有成像覆盖宽度、高分辨率的特点。

该系统采用超低功耗设计，既可以采用交流供电，也可以采用蓄电池逆变供电，包含强耐压不锈钢拖鱼、高强度凯夫拉电缆、防水甲板单元和自主 OTech 声呐软件。

表 5-16　北京蓝创海洋 Shark-S600S 单频侧扫声呐主要技术指标

指标项	指标参数
声呐指标	Shark-S600S
工作频率	600 kHz
信号类型	LFM（线性调频）／CW
最大量程	120 m
波束开角	水平：0.3°　垂直：50°
分辨率	航迹分辨率：0.005 h（量程） 垂直航迹分辨率：1.25 cm
换能器安装角	20°

指标项	指标参数
最大工作深度	1 000 m
拖鱼尺寸/重量	767 mm×105 mm（长×直径）/ 12 kg（空气中）
甲板单元尺寸/重量	170 mm×120 mm×70 mm / 0.8 kg
供电功耗	220 VAC/110 VAC 或 DC 12 V 逆变输入，最大 15 W
声呐软件 OTech	Windows 系统，支持 NMEA 0183 定位导航格式数据输入；可同时输出 OTSS、XTF 两种格式的数据
拖曳缆	Kevlar 加强缆，标配长度：20 m

图 5-18　北京蓝创海洋 Shark-S600S 单频侧扫声呐示意图

五、北京星天科技公司侧扫声呐

北京星天科技 GeoSide1400 高分辨率侧扫声呐采用双频工作方式和宽带信号设计，提高了侧扫声呐的作用距离和分辨率，较好地解决了侧扫声呐作用距离与分辨率的矛盾。同时，采用模块化和标准化设计，提高了系统的可靠性和可维护性；采用先进的数字信号处理技术，提高了声图的质量；具有独立的测高功能，能够准确地跟踪拖鱼离海底的高度，保证拖鱼的安全；内置姿态仪，可实时输出 roll、pitch、yaw 信息；可提供图像处理和目标处理的工具软件，具有辅助的目标识别和分类功能。在海底测绘、海底地质勘测、海底工程施工、海底障碍物和沉积物的探测以及海底矿产勘测等方面具有广泛的应用前景（表 5-17，图 5-19）。

表 5-17 北京星天科技 GeoSide1400 高分辨率侧扫声呐主要技术指标

指标项	指标参数
工作频率	100 kHz/400 kHz 双频
最大扫宽	100 kHz 为 1 000 m/双侧；400 kHz 为 300 m/双侧
水平开角	1°@100 kHz，0.25°@400 kHz
垂直开角	>50°
垂直航迹分辨率	4 cm@100 kHz；1 cm@400 kHz
沿航迹分辨率	0.02 h（量程）@100 kHz，0.004 h（量程）@400 kHz
换能器下俯角	10°~20°可调
最大工作深度	2 000 m
最大安全拖曳速度	12 kn
湿端尺寸	1 350 mm×100 mm（长×直径）
湿端重量	30 kg（空气中），20 kg（水中）
工作方式	拖曳、舷侧或船底固定
供电要求	220 VAC / 48 VDC
功耗	30 W
电缆长度	50 m 凯夫拉加强缆（可扩展）

图 5-19 北京星天科技 GeoSide1400 高分辨率侧扫声呐示意图

六、广州中海达公司侧扫声呐

（一）广州中海达 iSide 5000 侧扫声呐（表 5-18，图 5-20）

iSide 5000 多波束侧扫声呐采用较为先进的动态聚焦技术，在大量程处也能对目标高分辨率成像，有效实现高速高分辨率全覆盖扫测效率。该声呐兼具低速和高速两种作业模式，可以在线切换。低速模式为单波束双频侧扫；高速模式（可达 10 kn 以上）为高频多波束侧扫（单侧 5 波束），采用动态数字自动聚集技术，极大地提升了分辨率。内置姿态传感器，实时显示拖鱼水下姿态及方位；内置高度计，准确跟踪拖鱼离水底高度；316 不锈钢拖鱼，2 000 m 耐压深度，可实现深水作业。

表 5-18　广州中海达 iSide 5000 侧扫声呐主要技术指标

指标项	指标参数
工作频率	高速：400 kHz　低速：100 kHz/400 kHz
波束数	左右舷各 5 个
脉冲信号	FM 线性调频/CW
水平波束开角	0.5°@ 100 kHz，0.14°@ 400 kHz
垂直波束开角	50°
沿航迹分辨率	10 cm@ 50 m 量程
垂直航迹分辨率	1.25 cm
量程	600 m@ 100 kHz，180 m@ 400 kHz
安装倾斜角	10°/15°（默认）/20° 可调
耐压深度	2 000 m
拖曳尺寸	1 883 mm（长）× 130 mm（直径）
拖曳重量（空气中）	45 kg
甲板单元功耗	50 W
拖缆	标配 50 m 凯夫拉加强缆，可选配 250 m 拖缆和绞车
内置传感器	内置姿态、艏向、压力、测深传感器
工作航速	2~10 kn

图 5-20　广州中海达 iSide 5000 侧扫声呐示意图

（二）广州中海达 iSide 4900 侧扫声呐（表 5-19，图 5-21）

iSide 4900 侧扫声呐采用收发基元分置技术，能很好地提供系统收发灵敏度，具有 400 kHz、900 kHz 双频同时工作或单独工作；Chirp 或 CW 工作模式可在线切换，抗干扰强、分辨率高、扫测量程大；水平波束角 0.19°，1.2 cm 量程分辨率，可以分辨细小目标物。

表 5-19 广州中海达 iSide 4900 侧扫声呐主要技术指标

指标项	指标参数
工作频率	低频 400 kHz，高频 900 kHz，双频可同时工作或单独工作
发射脉宽	20~1 000 μs（CW），1~4 ms（LFM）
信号类型	支持 CW 或 Chirp 两种模式，支持在线切换
水平波束角	0.19°@400 kHz，0.19°@900 kHz
垂直波束角	50°
波束倾斜	10°、15°、20°可选
距离分辨率	1.2 cm
量程	200 m@400 kHz，90 m@900 kHz
工作航速	2~6 kn
工作深度	2 200 m
尺寸	105 mm×1 170 mm（直径×长度）
重量	26 kg（316 不锈钢）
功耗	最大 30 W
拖体温度范围	工作温度-10~+45℃，非工作温度-20~+50℃
内置传感器	内置姿态、航向、压力、温度传感器
内置测深仪传感器	工作频率 290~310 kHz
电源	24 VDC 或 220 VAC
拖缆	凯夫拉加强缆，标准 50 m（250 m 可选）

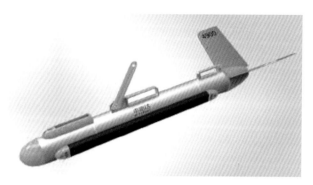

图 5-21　广州中海达 iSide 4900 侧扫声呐示意图

（三）广州中海达 iSide 1400 侧扫声呐（表 5-20，图 5-22）

iSide 1400 侧扫声呐采用收发基元分置技术，能很好地提供系统收发灵敏度，具有可发射多种 CW 及 Chirp 信号，及其 100 kHz 和 400 kHz 双频同时工作或单独工作、Chirp 或 CW 工作模式可在线切换特点，其单侧覆盖宽度可达600 m，拖曳鱼体可达 1 000 m 耐压深度，声图像采用自适应背景均衡技术，图像色彩更均衡，解决远近信号强度不一致的问题。

表 5-20　广州中海达 iSide 1400 侧扫声呐主要技术指标

指标项	指标参数
工作频率	100 kHz 和 400 kHz
发射脉宽	20~1 000 μs（CW），1~4 ms（LFM）
信号类型	CW/LFM
水平波束角	0.7°@100 kHz，0.2°@400 kHz
垂直波束角	45°
波束倾斜	10°、15°、20°可选
距离分辨率	62.5 px@100 kHz，31.25 px@400 kHz
最大量程	600 m@100 kHz；200 m@400 kHz
工作航速	2~6 kn
工作深度	1 000 m
尺寸	105 mm×1 300 mm（直径×长度）
重量	30 kg（316 不锈钢）

续表 5-20

指标项	指标参数
功耗	最大为 40 W
内置传感器	内置姿态、艏向、压力、测深传感器
拖缆	凯夫拉加强缆，标准 50 m（250 m 可选）

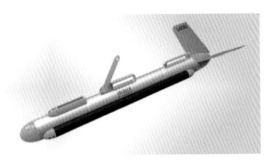

图 5-22　广州中海达 iSide 1400 侧扫声呐示意图

（四）广州中海达 iSide 400 侧扫声呐（表 5-21，图 5-23）

iSide 400 侧扫声呐是中海达推出的 iSide 系列高分辨率侧扫声呐，可双频同时工作，发射多种 CW 及 Chirp 信号，可实现大量程高分辨率水底图像，可搭载中海达智能无人测量船。

表 5-21　广州中海达 iSide 400 侧扫声呐主要技术指标

指标项	指标参数
工作频率	400 kHz
发射脉宽	20~500 μs（CW），0.5~2 ms（LFM）
信号类型	CW/LFM
水平波束角	0.3°
垂直波束角	45°
波束倾斜	15°
距离分辨率	31.25 px
量程	200 m
工作航速	2~6 kn

续表 5-21

指标项	指标参数
工作深度	100 m
尺寸	105 mm×767 mm（直径×长度）
重量	13 kg（316 不锈钢）
功耗	最大值为 15 W，输入：220 VAC/12 VDC
拖缆	凯夫拉加强缆，标准 20 m

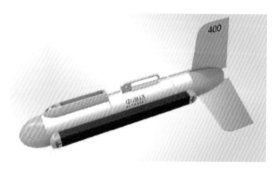

图 5-23　广州中海达 iSide 400 侧扫声呐示意图

第六节　主要应用领域

目前，侧扫声呐主要应用于海道测量、水下工程选址、水下目标探测识别、水下搜救、海底底质分类、海洋调查和海洋科学研究等领域。随着侧扫声呐技术的不断发展，其应用正在扩展到海洋生态系统监测、海水养殖及濒危动物监测、海底热液喷泉及冷泉探测等新兴领域。

第七节　应用局限性

虽然侧扫声呐具有较高的探测效率和分辨率，可获得清晰的目标信息，但由于其探测机理制约不容易获得精确海底深度，并且测量垂底区域存在缝隙，需要其他声呐设备或者技术方法进行补隙。

第八节　实例应用

2018 年 5 月 14 日至 16 日，湖南省文物考古研究所利用侧扫声呐对资兴东江湖水库淹没区的原旧市镇，进行了一次水下考古调查工作。通过侧扫声呐图像了解水库区内遗存被水淹没后的现状，同时开展了基于侧扫声呐图像的文物遗迹图像识别。图 5-24 至图 5-28 分别给出了侧扫声呐获取的有效声呐图像，从图中可以看到通过侧扫声呐判读，可确定镇区、民房、桥梁、水渠、道路、稻田等的具体位置。

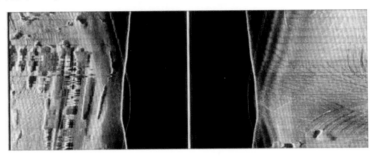

图 5-24　侧扫声呐成像的旧市镇房屋建筑现状示意图

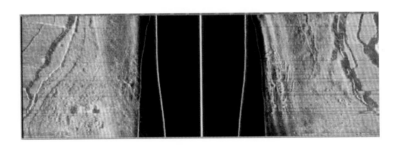

图 5-25　侧扫声呐成像的水下房屋建筑现状示意图

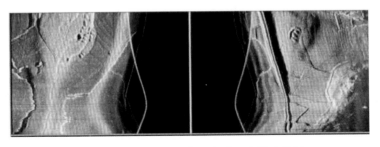

图 5-26　侧扫声呐成像的小路、水渠示意图

图 5-27　侧扫声呐成像的稻田、道路示意图

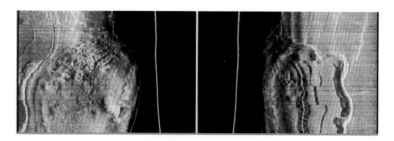

图 5-28　侧扫声呐成像的摩崖石刻顶部的村落示意图

第六章　合成孔径声呐

第一节　概述

　　合成孔径声呐是一种新型的二维侧视成像声呐。它的工作原理与合成孔径雷达相似，利用匀速直线运动的声基阵，在航迹方向上形成更大尺度的虚拟（合成）孔径，来提高声呐横向分辨率，具有横向分辨率与工作频率和距离无关的优点。与相同尺度常规侧扫声呐相比其分辨率可提高 1~2 个量级。

　　目前，主流的合成孔径声呐一般采用侧扫式合成孔径方法。国内外已研制出各自装备并推向实际应用，但这些产品都无法很好地解决垂底区域存在缝隙问题，仍需要使用多波束测深声呐或成像声呐进行补隙，数据拼合效果尚有待提升。此外，现阶段合成孔径声呐的研究热点主要集中在目标回波模拟、合成孔径成像稳定性算法、载体运动姿态精确补偿等方面。

第二节　国内外发展现状与趋势

一、国外发展现状与趋势

　　1967 年美国 Raython 公司的 Walsh 等最早开始了合成孔经声呐技术研究，并从 1967 年和 1969 年间提出了合成孔径声呐技术可应用于对海底小目标高分辨成像。之后的 20 年，合成孔经声呐技术发展缓慢。进入 21 世纪后，合成孔径声呐技术取得快速发展，例如，法国 iXblue 公司利用对目标多次发射声脉冲波束聚焦算法，有效地提高了合成孔径声呐大量程空间分辨率。目前，合成孔径声呐的发展由实验室研究逐步走向外场，更多的算法验证样机和实际海测结果呈现在学术界的视野内，相关技术已达到实用水平，例如，美国海军将 Edgetech 4400 合成孔径声呐安装到猎雷 UUV 上进行了实际应用。

二、国内发展现状与趋势

我国合成孔径声呐的研究起步于 1997 年，在中国科学院声学研究所等单位持续攻关下，历经原理和关键技术探索、海试样机和工程样机研制等阶段，在关键技术和多型系统研制方面，取得了一系列重大突破。2010 年年底完成的合成孔径声呐工程样机，是世界上首次研制完成同时具备高、低频同步实时成像能力的合成孔径声呐系统，利用高频段可大幅度提高成像分辨率，成为传统侧扫的升级换代产品；利用低频段可穿透成像，在掩埋目标探测和识别方面表现出优越的性能填补传统成像声呐在该方面的空白，其各项性能指标达到国际领先水平。从 2012 年中国科学院声学研究所牵头完成的高频型合成孔径声呐和双频型合成孔径声呐完成设计定型开始，我国在合成孔径声呐研究及产品化方面均取得长足进展，并在一系列国际合作、国内重大项目中得到广泛应用，取得了良好的应用成果。此外，国内相关单位还开展了具有测深功能的相关合成孔径声呐技术研究。

三、主要差距

我国合成孔径声呐研究虽然起步较晚，但技术研究进展迅速，总体与国外差距不大，其中在高频合成孔径声呐探测方面处于领先水平。目前，我国合成孔径声呐在产品可靠性、环境适应性和商业化等方面与国外存在一定的差距，并且针对海洋无人自主观测平台，尚未开展专用产品的研制。

第三节　系统组成和工作原理

一、主要组成

合成孔径声呐一般由三个分系统组成，分别是声呐分系统、姿态与位移测量分系统和拖曳分系统。其中，声呐分系统由合成孔径声呐基阵、发射机、接收机、数据采集、传输和存储子系统、声呐信号处理机和显控台组成；姿态与位移测量分系统由姿态、位移测量系统和 GPS 等组成；拖曳分系统由绞车、拖缆和拖体等组成。

二、工作原理

合成孔径声呐是合成孔径雷达原理在水声领域的推广，其基本原理是利用小孔径基阵的移动，通过对不同位置接收信号的相关处理，来获得移动方向上大的合成孔径，从而得到方位方向的高分辨力。从理论上讲，这种分辨力与探测距离无关。直观地说，距离越大，合成孔径长度越大，合成阵的角分辨力就越高，从而抵消距离增大的影响，保持分辨力不变。

第四节　主要分类

合成孔径声呐作为一款新型产品，目前主要由美国、加拿大等国外公司研发，国内苏州桑泰海洋仪器研发有限公司、中国船舶集团第七一五研究所、中科探海（苏州）海洋科技有限责任公司等也研发出相应产品，并开展应用。目前尚未有统一明确的分类方式。

第五节　主流产品介绍

一、美国 Edgetech 公司合成孔径声呐

美国 Edgetech 公司 4400 合成孔径声呐主要供美国海军使用，美国对其实行禁运，相关产品信息较少且具体参数不详。从国外相关报道中了解到，该型号的最新版本是 EdgeTech 4400-SAS 系统，该型声呐相比传统侧视声呐而言其作用距离提高 4 倍（测绘带宽可达 500 m）、分辨率提高 36 倍（方位分辨率可达到0.1 m），目前已在猎雷型 UUV 上搭载安装。

二、加拿大 Kraken 声呐系统公司合成孔径声呐

（一）加拿大 Kraken 声呐系统公司 AquaPix 合成孔径声呐（表6-1，图 6-1）

AquaPix 合成孔径声呐是一款高分辨率合成孔径声呐，可在 AUV、ROV、遥控拖曳潜器（ROTV）和拖鱼上搭载。其模块化和可扩展设计支持可变长度的阵列、可变的平台速度、可变的条带宽度和干涉测深功能，能够在水下航行器两

边 300 m 的范围内（600 m 幅宽）提供优于 3 cm×3 cm 的恒定分辨率的详细海底图像，还可以产生分辨率优于 25 cm×25 cm 的 3D 水深数据，同时提供非常高的深度精度。

表 6-1　加拿大 Kraken 声呐系统公司 AquaPix 合成孔径声呐主要技术指标

指标项	指标参数
双面最大条带	8 kn 时 200 m（4 kn 时 440 m）
单面最大计划范围	100 m@ 8 kn（220 m@4 kn）
双面覆盖率	每小时 3.3 km^2（有补白）
勘测高度	13 m（最小 5 m，最大 30 m）
沿航迹 SAS 图像分辨率	3.3 cm
垂直航迹 SAS 图像分辨率	3 cm
SAS 图像光栅波瓣水平	−40 db
沿航迹分辨率的 SAS 测深	25 cm（最多可配置 6 cm）
跨航迹分辨率的 SAS 测深	25 cm（最多可配置 6 cm）
SAS 测深法垂直精度	10 cm
脉冲长度	5 ms（可配置 1~10 ms）
脉冲带宽	40 kHz
脉冲型	FM Chirp
脉冲中心频率	337 kHz
SAS 抗偏航性	在 50 m 的轨道长度上±10°
SAS 防摆稳	±0.2 m/s
最大偏航角	20°

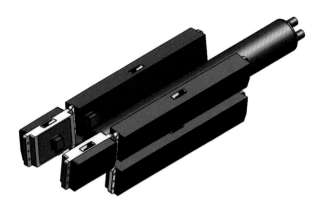

图 6-1　加拿大 Kraken 声呐系统公司 AquaPix 合成孔径声呐示意图

（二）加拿大 Kraken 声呐系统公司 AquaPix 迷你合成孔径声呐（表 6-2，图 6-2）

AquaPix 迷你合成孔径声呐是一款可现场配置的干涉式合成孔径声呐，可提供更高分辨率、更大探测范围和更高区域覆盖率，其性价比高，是高端侧扫声呐的替代者。目前，AquaPix 迷你合成孔径声呐可提供 MINSAS 60、MINSAS 120、MINSAS 180 和 MINSAS 240 四种配置，并可集成到典型的中型和大型 AUV 与拖鱼上。此外，Kraken 声呐系统公司正在继续改进 MINSAS 60 传感器，使其适合于小型便携式 AUV，提高便携式平台的能力和性能。

表 6-2 加拿大 Kraken 声呐系统公司 AquaPix 迷你合成孔径声呐主要技术指标

指标项	指标参数	
	MINSAS 60	MINSAS 120
平台速度	2~5 kn	2~6 kn
接收器阵列尺寸	53.0 cm×3.0 cm×7.0 cm	109.0 cm×3.0 cm×7.0 cm
接收阵列重量——空气中/水中	6.4kg/3.2 kg	12.8 kg/6.4 kg
发射阵列重量——空气中/水中	0.5 kg/0.19 kg	0.5 kg/0.19 kg
电子模块尺寸	直径 47 cm×17 cm	直径 47 cm×17 cm
电子模块重量——空气中/水中	12.4 kg/1.4 kg（1 000 m）	12.4 kg/1.4 kg（1 000 m）
系统总重——空气中/水中	26.2 kg/8.18 kg	39.0 kg/14.58 kg
深度等级	1 000 m、3 000 m、6 000 m	1 000 m、3 000 m、6 000 m
系统电源	58 W	70 W
RTSAS 处理能力	75 W	75 W
RTSAS 的总功率	133 W	145 W
电源供应	24 VDC / 48 VDC，250 W 峰值功率	
沿轨 SAS 图像分辨率	无阴影 2.5 cm，阴影 3 cm	
跨轨 SAS 图像分辨率	1.5 cm（下采样至 3 cm）	
SAS 水深解析度——实时	25 cm×25 cm	
SAS 测深仪分辨率——后处理	6 cm×6 cm	
SAS 测深精度	10 cm@ 100 m	
声源级	1 m 时 210 dB re 1 μPa	

续表 6-2

指标项	指标参数	
	Minsas 60	Minsas 120
PRF	8 Hz	
中心频率	337 kHz	
脉冲长度	10 ms（可设定 1~10 ms）	
脉冲带宽	40 kHz	
脉冲类型	线性调频	
SAS 抗偏航性	在 20 m 的轨道长度上为±4°	
SAS 防摆稳	±10 m	
最大偏航角	20°	

图 6-2　加拿大 Kraken 声呐系统公司 AquaPix 迷你合成孔径声呐示意图

三、苏州桑泰海洋仪器研发有限责任公司合成孔径声呐

Shark SAS 双频合成孔径声呐是苏州桑泰海洋仪器研发有限责任公司先期在中国科学院声学研究所技术支持下研制完成。目前，该型声呐采用模块化和重构设计，实现了产品形态的多样化，适装于水面及水下多种平台。该型声呐能在不降低扫测宽度和成像精度的前提下，能够大幅度提高作业速度和测绘效率，该型声呐能准确探测识别沉底和海底掩埋目标（表 6-3，图 6-3）。

表 6-3　苏州桑泰海洋仪器研发有限责任公司 Shark 双频合成孔径声呐主要技术指标

指标项	指标参数	
工作模块	低频 SAS	高频 SAS
中心频率	12 kHz	110 kHz
方向向分辨率	0.2 m	0.08 m
距离向分辨率	0.1 m	0.05 m
最大探测宽度	300 m@ 6 kn 150 m@ 12 kn	
最大探测埋深	7 m	—
最大入水深度	1 000 m	
工作航速	3~12 kn	
传感器	DVL、USBL、压力传感器	

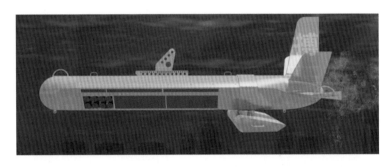

图 6-3　苏州桑泰海洋仪器研发有限责任公司 Shark SAS 双频合成孔径声呐

四、中国船舶集团有限公司第七一五研究所合成孔径声呐

三维合成孔径声呐是中国船舶集团有限公司第七一五研究所自主研制的国产拖曳式三维高分辨水下成像声呐系统（简称：三维成像声呐）。该型声呐采用低频三维合成孔径成像和高频侧扫合成孔径成像技术，通过三维高分辨水下成像的统一信号处理方法和地形—地貌—地层综合成图技术，实现一次扫海对悬浮、沉底、掩埋目标同步探测，及其海底地层—地形—地貌的三维立体成像（表 6-4，图 6-4）。

表 6-4　中国船舶集团有限公司第七一五研究所三维合成孔径声呐主要技术指标

指标项	指标参数
工作航速	3~9 kn
最大入水深度	500 m
最大探测深度	800 m
最大探测斜距	320 m（6 kn）
横向观测范围（>120°）	条带宽度≥600 m（6 kn）
最大扫海效率	6 km²/h
海底穿透深度	大于 10 m（黏土质粉砂海底）
低频成像分辨率	走航 10 cm×距离 10 cm
高频成像分辨率	优于走航 5 cm×距离 2.5 cm
水平方位成像分辨率	≤0.3 m（声阵离海底 20 m）

图 6-4　中国船舶集团有限公司第七一五研究所三维合成孔径声呐示意图

五、中科探海（苏州）海洋科技有限责任公司合成孔径声呐

中科探海多频三维合成孔径声呐综合采用多频率以及实时三维合成孔径声呐成像技术，同时集成侧视自适应孔径成像声呐技术，可对航迹下方 90°或 120°范围内的悬浮、沉底和海底掩埋物进行三维成像，可同时给出目标的三维图像和埋深信息。该声呐在双频同时工作时，可通过低频系统实时获取水下各类目

标的三维图像，通过高频系统实现水下极小目标的成像（表 6-5，图 6-5）。

表 6-5　中科探海（苏州）海洋科技有限责任公司多频三维合成孔径声呐主要技术指标

指标项	指标参数
掩埋物探测深度	最大埋深可达 30 m
像素精度	最高可达 2 cm
掩埋测量精度	测量精度优于 10 cm
测深分辨率	可探测埋深不小于 10 cm
探测范围	正下方 120°范围
工作航速	小于 6 kn
水平波束数	不少于 700 个
安装模式	船底固定安装、拖曳、船侧悬挂、AUV 和 ROV 安装

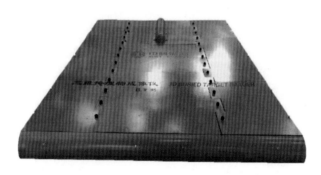

图 6-5　中科探海（苏州）海洋科技有限责任公司多频三维合成孔径声呐示意图

第六节　主要应用领域

合成孔径声呐因其极高的分辨率与较高的性价比，在海道测量、残骸搜索、海底管线调查、扫雷等领域有着广泛的应用前景。

第七节　应用局限性

合成孔径声呐使用小孔径的声呐换能器阵，通过运动形成虚拟大孔径的方法，来获取更高的航迹向分辨率。相比于实孔径声呐，合成孔径声呐最突出的优势是航迹向分辨率与作用距离、信号的频率无关。但合成孔径声呐由于在应用中受水声环境的影响，对拖体运动速度、信号处理算法等都提出了挑战。

第八节　实例应用

2005 年中国科学院声学研究所在浙江千岛湖对我国第一台国产合成孔径声呐进行了试验，得到了水下地貌和目标的清晰、高质量声呐图像，从声呐图中可以清晰地看到千岛湖被淹没前的梯田、河道、废弃桥墩等（图 6-6）。

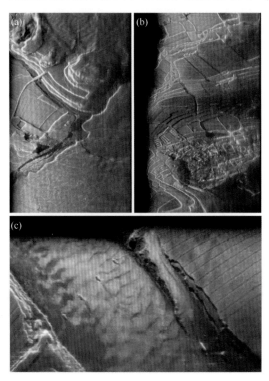

图 6-6　高频合成孔径声呐浙江千岛湖的水下地貌成像

（a）淹没前的山坡和农田；（b）淹没前的梯田；（c）淹没前的桥墩与河道

图 6-7 为中国科学院声学研究所使用国产双频合成孔径声呐对某海域海底油气管道的高低频声呐成像结果，通过高低频声呐图像对比，可以确定该油气管道处于掩埋状态。

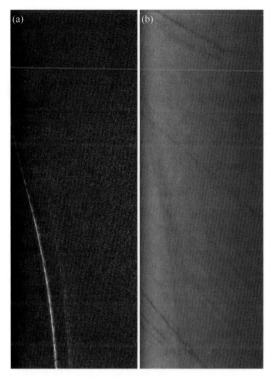

图 6-7 双频合成孔径声呐对某海域海底油气管道的高低频声呐图像

（a）为低频合成孔径声呐穿透海底对掩埋管道的成像结果；（b）为高频合成孔径声呐
图像不能穿透海底对海底的成像结果

第七章 浅地层剖面仪

第一节 概述

浅地层剖面探测是一种基于水声学原理、利用连续走航探测水下浅部地层结构和构造的地球物理方法。浅地层剖面仪又称为浅地层地震剖面仪，是在超宽频海底剖面仪基础上改进，利用声波探测浅地层剖面结构和构造的仪器设备。该仪器在地层分辨率和穿透深度方面具有较高的性能，并可以在工作频带内任意选择扫频信号组合，现场实时地设计调整工作参量，可以在航道勘测中测量河（海）底的浮泥厚度，也可以测量海上油田钻井中的基岩深度和厚度，以声学剖面图形反映浅地层组织结构，探测海底浅地层剖面结构和构造，具有很高的垂直分辨率，并且结合地质解释，可以分析水底以下地质构造情况。

浅地层剖面仪常用的工作方式主要有侧拖和尾拖两种，大都需要借助拖鱼开展探测，拖鱼入水深度（取决于拖鱼自身重量、拖缆长度和船速）是控制浅剖测量图像质量和保证设备安全的一个重要外部参数。一般情况下，浅地层剖面仪测量时的水深应大于 10 m；当水深小于 5 m 时，波束干扰现象变得非常明显，往往难以达到其测量精度。当前，随着 AUV 等海洋无人自主观测平台的出现，其无人自主能力在浅地层剖面探测应用方面有着独特优势，成为近年来其探测应用的热点。

第二节 国内外发展现状与趋势

一、国外发展现状与趋势

20 世纪 40 年代推出浅地层剖面仪原型设备，60—70 年代出现商业化产品，但受限于当时技术发展水平，商业设备只能发射单一频率的声波信号，且以模拟信号方式显示并打印在热敏纸上保存。进入 20 世纪 80—90 年代后，数字信号和宽带调频 Chirp 等技术在浅地层剖面仪上获得应用，浅地层剖面探测技术取得快速发展。进入 21 世纪后，船载深水浅地层剖面探测技术应运而生，该技术是在传统浅地层剖面技术基础上，通过增加声学换能器阵数目和引入声学 Multi-Ping 技术，实现对深水海域高分辨率和高覆盖率的浅地层精细探测。

为了在深水海域达到与浅水相同的探测效果，深水浅地层剖面探测搭载于海底深拖系统或 ROV、AUV 上，贴近深海海底进行高分辨率探测。此外，为实现海底目标的精细探测与准确定位，研制成功了三维浅地层剖面探测设备，三维浅地层剖面设备最初用于水下掩埋水雷的准确探测，后经改进广泛用于海底管线探测与特定目标寻找。近年来，浅地层剖面探测技术与侧扫声呐、多波束测深设备的一体化集成也是一个重要的发展方向，并逐步推出了相应的商业化产品。

二、国内发展现状与趋势

20 世纪 60—70 年代始，我国就开展了浅地层剖面探测技术研究。1979 年，中国科学院声学研究所东海站研制成功了 QPY-1 浅地层剖面仪原型系统。进入 21 世纪后，中国科学院声学研究所、中国船舶集团有限公司第七一五研究所等单位在浅地层剖面仪研制方面取得突破，开发了实用性 GPY2000 浅地层剖面仪、DDT0116 浅地层剖面仪等产品，其性能指标达到国外 20 世纪 90 年代同类产品性能，可完全满足海上连续工作的需要。

三、主要差距

目前，我国的浅地层剖面仪已经形成商业化产品，并达到国外 20 世纪 90 年代产品指标，可满足海上测绘需要。但在其高电声转换效率、大耐压深度换能器设计、数据后处理软件等方面与国外还有较大差距；目前尚没有针对海洋无人自主观测平台研制成功的专门产品。

第三节 系统组成和工作原理

一、主要组成

浅地层剖面仪主要由发射系统和接收系统两大部分组成。发射系统包括发射机和发射换能器阵；接收系统由接收机、接收换能器和用于记录及处理的计算机组成。发射系统和接收系统按应用空间一般分为水下单元、甲板控制单元

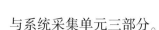
与系统采集单元三部分。

二、工作原理

浅地层剖面仪探测与多道发射地震勘探方法原理类同，即激发的声学纵波信号在海底传播过程中会在地层岩性分界面处产生反射回波，反射信号经声学换能器接收、放大滤波、信号处理后实时显示海底地层剖面图。

如图7-1所示，从声源 O 点发射的声波信号在海水和海底下沉积地层中传播，当遇到不同介质的地层分界面时，入射声波会在界面处产生与入射角 α 相等的 β 角度反射波，并在界面下生成 γ 角度的透射波，γ 角度的大小由界面处上下两层的声波传播速度决定。透射波继续向下传播时，会在新的声阻抗界面处产生新的反射和透射波，以此类推，直到透射波能量衰减到很小，无法生成有效能量的反射回波。

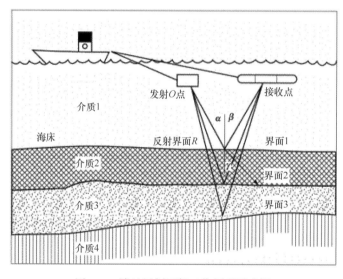

图 7-1　浅地层剖面仪工作原理示意图

第四节　主要分类

按照工作原理浅地层剖面仪分为压电陶瓷式、电火花式、声参量阵式和电磁式四种。其中，压电陶瓷式主要分为固定频率和线性调频（Chirp）两种；电火花式主要利用高电压在海水中的放电产生声音原理；声参量阵式利用差频原理进行水深测量和浅地层剖面勘探；电磁式通常多为各种不同类型的 Boomer，穿透深度及分辨率适中。

第五节 主流产品介绍

一、美国 Edgetech 公司浅地层剖面仪

美国 Edgetech 公司 EdgeTech 2200 型和 2205 型浅地层剖面仪是紧凑、可灵活配置的模块化声呐系统，可集成到第三方水下潜航器上，是专为 AUV、ROV、USV 和其他拖曳平台上安装和使用而设计的浅地层剖面仪（表 7-1，图7-2）。

表 7-1 美国 Edgetech 公司 EdgeTech 2200 型和 2205 型浅地层剖面仪主要技术指标

指标项	项目参数		
	DW-424	DW-216	DW-106
工作频率	4~24 kHz	2~16 kHz	1~10 kHz
垂直分辨率	4~8 cm	6~10 cm	15~25 cm
穿透深度（典型） 在粗钙质砂中 在黏土中	2 m 40 m	6 m 80 m	15 m 150 m

图 7-2 美国 Edgetech 公司 EdgeTech 2200 型和 2205 型浅地层剖面仪示意图

二、法国 iXBlue 公司浅地层剖面仪

法国 iXBlue 公司 Echoes 1500/5000/10000 分别是低频、中频和高频浅地层

剖面仪，上述三款设备结合 Delph 地震采集和解释软件，可以提供高分辨率、深穿透的沉积物形态数据。其中，Echoes 1500 可穿透 300~400 m 深度；Echoes 5000 可穿透 150 m，适用于浅水到深海；Echoes 10000 可穿透 40 m，适用于浅海（表 7-2，图 7-3）。

表 7-2　法国 iXBlue 公司 Echoes 1500/5000/10000 浅地层剖面仪主要技术指标

指数项	项目参数		
	Echoes 1500	Echoes 5000	Echoes 10000
穿透深度 工作水深	300~400 m	150 m 浅水到全海深	40 m 浅水
工作频率	0.5~2.5 kHz	2~6 kHz	5~15 kHz
分辨率	40 cm	15 cm	8 cm

图 7-3　法国 iXBlue 公司 Echoes 1500/5000/10000 浅地层剖面仪示意图

三、挪威 Kongsberg 公司浅地层剖面仪

挪威 Kongsberg 公司 GeoPulse Compact 是一款高性能的数字浅地层剖面仪。该款产品有两种版本：一种是拖曳式；另一种是固定安装方式。根据调查任务需求，可以选择 2~18 kHz 频带内的波形，从而优化分辨率和海底穿透力。此外，还可提供多种安装选项，从专用测量船上的固定安装，到拖曳系统和机动船上的便携式安装（表 7-3，图 7-4）。

表 7-3 Kongsberg 公司 GeoPulse Compact 浅地层剖面仪主要技术指标

指标项	指标参数
频率范围	2~18 kHz 可编程
声源级	1 μPa @ 1 m 时高达（196±3）dB
脉冲类型	Pinger；Ricker；Chirp
穿透深度（最大）	30 m（沙土），80 m（软土）

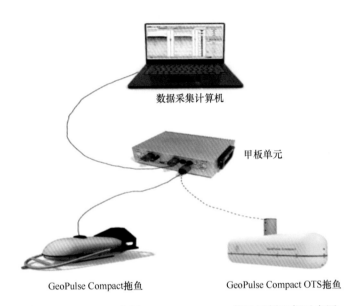

图 7-4 Kongsberg 公司 GeoPulse Compact 浅地层剖面仪示意图

四、中国科学院声学研究所东海站浅地层剖面仪

中国科学院声学研究所东海站 GPY2000 浅地层剖面仪主要是利用声波在介质中传播时遇到不同声学特性分界面时会发生反向散射，接收反向散射声波并按回波的时间先后、用灰度等级或色彩来表征回波强度，并在平面上绘制出剖面图。该设备在地层分辨率和地层穿透深度方面有较高的性能，可广泛应用于海底地质调查、港口建设、航道疏浚、海底管线布设等方面（图 7-5）。

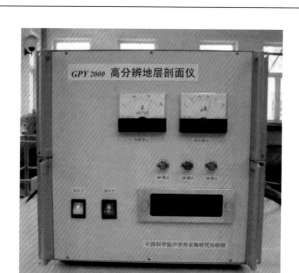

图 7-5　中国科学院声学研究所东海站 GPY2000 浅地层剖面仪示意图

五、中国船舶集团有限公司第七一五研究所浅地层剖面仪

中国船舶集团有限公司第七一五研究所 DDT0216 型深海浅地层剖面仪主要是利用声波对海底媒质分界层的反射差异，实时绘制不超过 6 000 m 水深的海底地层剖面图。该剖面仪由处理器、电子舱、低频发射换能器、中频发射换能器组、水听器组等组成。具有地层剖面实时处理和显示，水底地层回波信号强度波形显示，水底跟踪显示，地层穿透深度测量，地层剖面测量，纵横摇数据采集和波形显示，GPS 数据采集和轨迹显示和采集处理结果数据实时存储和回放等功能（表 7-4，图 7-6）。目前，已广泛应用于海底地质结构探测、海底管线测量。

表 7-4　中国船舶集团有限公司第七一五研究所 DDT0216 型深海浅地层剖面仪主要技术指标

指标项	指标参数
频率范围	2~16 kHz
标准脉冲宽度	2 ms、5 ms、10 ms
垂直分辨率	8~16 cm
最大穿透深度（泥沙地质）	>50 m
波束宽度	40°（6~16 kHz），180°（2~7 kHz）
最大工作水深	6 000 m
供电（或电源）	工作电压：DC375 V 工作功耗：<2 000 W

图 7-6　中国船舶集团有限公司第七一五研究所 DDT0216 型深海浅地层剖面仪示意图

六、北京星天科技公司浅地层剖面仪

北京星天科技 GeoPass 200 浅地层剖面仪主要利用声波探测浅地层剖面结构和构造，以声学剖面图形反映浅地层组织结构。该产品采用参量阵技术，频率选择丰富，原频频率为 200 kHz，差频覆盖 10~35 kHz，同时还可提供精确的测深结果和穿透数据（表 7-5，图 7-7）。可应用于海底掩埋物找寻、海底管线探测、河道淤泥厚度测量及多频测深等领域。

表 7-5　北京星天科技 GeoPass 200 浅地层剖面仪主要技术指标

指标项	指标参数
工作频率	180~220 kHz
差频频率	10~35 kHz
脉冲长度	0.05~1 ms
输出功率	>3 kW
差频张角	4°~5°
原频声源级（200 kHz）	>240 dB/μPa@1 m
差频声源级（20 kHz）	>194 dB/μPa@1 m
动态范围	>110 dB
距离分辨率	<0.04 m

续表 7-5

指标项	指标参数
穿透能力	<20 m
作用距离	<100 m
湿端尺寸	400 mm×150 mm（长×直径）
湿端重量	8 kg（空气中），4 kg（水中）
工作温度	−10~40℃
帧率	每秒不小于 10 次
供电	220 VAC/24 VDC
与 PC 连接	RS485 转 USB 通信

图 7-7　北京星天科技 GeoPass 200 浅地层剖面仪示意图

第六节　主要应用领域

　　浅地层剖面仪是在回声测深仪的基础上发展而成的，其探测深度一般为几十米，可在航道勘测中测量河（海）底的浮泥厚度，也可测量海上油田钻井中的基岩深度和厚度，具有探测速度快，图像连续的特点。目前，浅地层剖面仪被广泛应用于海洋地质调查、地球物理勘探、海底资源勘探开发、水下工程检测、航道港湾工程、海底管线铺设、海上石油平台建设以及海洋工程和海洋观测等领域。

第七节 应用局限性

浅地层剖面仪具有很高的分辨率，能够经济高效地探测海底浅地层剖面结构和构造，但浅地层剖面仪在工作中也面临着浅水环境和复杂地形等诸多挑战。例如，低频信号穿透深度更大，而高频信号通常会提供更好的分辨率，不同频率的浅地层剖面仪由于海床底质构成（通常是未知的）不同，测量结果也会很不一样，所以要选择合适的浅地层剖面系统通常很难。鉴于大部分海底地质是未知的，通常建议使用两种不同的系统来确保所有沉积物类型都能获得最优数据质量，尽管这会产生更多的设备重量从而导致更高的人员成本，但却大大降低了测量的风险。

第八节 实例应用

图 7-8 给出了 2017 年 8 月浙江大学从舟山停靠码头出发，向象山港方向行进，沿途进行的舷挂式浅剖面仪实时探测剖面图，图中海底面反射连续清晰，说明海底与海水之间的波阻抗差明显，具有清晰的海底面声学反射图像，海底面之下的淤泥沉积丰富，沉积层理特征明显，在浅地层剖面探测结果上显示的淤泥类沉积声学反射非常丰富，剖面图上存在一弧形反射，经反射特征分析，并通过船只的航迹比对，可以认为是基岩顶面反射，受浅地层剖面声学信号吸收和衰减等因素的影响，基岩顶面的反射信号连续性较短，无法完整揭示深部的基岩顶面形态。

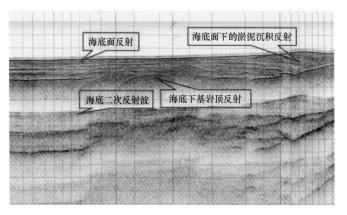

图 7-8 浅地层剖面仪探测剖面示意图

　　图7-9给出了某海域测线上的浅地层探测声学剖面图，剖面图上的海底形态变化较大，反映了测线上的海底突变，并有出露的突兀基岩。仔细分析途中剖面特征，可解释海底下丰富的地形地貌及沉积等相关地质信息。

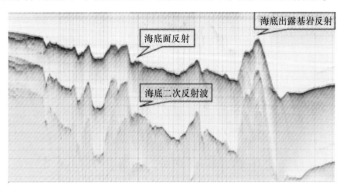

图7-9　某海域测线上的浅地层探测声学剖面示意图

第八章　海洋磁力仪

第一节　概述

海洋磁力仪是以海底下岩层具有不同的磁性并产生大小不同的磁场为原理，通过磁力仪或磁力梯度仪，对海洋的磁场强度进行测量。将观测值减去正常磁场值并作地磁日变校正后得到磁异常。通过对磁异常的分析，有助于阐明区域地质特征、寻找磁性矿物等。

从 1933 年世界出现了第一台磁通门磁力仪到现在广泛使用的光泵磁力仪，海洋磁力仪的测量精度、灵敏度、采样率、稳定性大大提高，并且海洋磁力仪阵列的问世，使海洋磁场探测的能力大大提高。

海洋磁力仪的发展按照原理可以分为三代。第一代是应用永久磁铁与地磁场之间相互力矩作用原理，或利用感应线圈以及辅助机械装置。第二代应用氦磁共振特征，利用高磁导率软磁合金，以及复杂的电子线路。第三代的光泵磁力仪，利用光泵作用和磁共振作用研制而成，具有测量精度高响应快等优点。

第二节　国内外发展现状与趋势

一、国外发展现状与趋势

世界上第一台磁通门磁力仪于 1933 年问世，之后各国陆续开展相关研究，但主要还是以航空探测仪为主。1979 年，美国发射了一颗地磁卫星，载有磁通门式向量磁力仪，每秒取样 16 次，磁测精度为 6 nT。目前，国外比较典型的磁通门磁力仪有英国巴丁顿公司的 MAG 系列、芬兰的 JH-13 型、加拿大先达利公司的 FM-2-100 型。

质子磁力仪于 20 世纪 50 年代中期问世，在航空、海洋及地质等领域开展了应用。目前，国外比较先进的质子磁力仪有加拿大先达利公司的 MAP-4 型、美国乔美特利公司的 G803 型、加拿大吉姆系统公司的 GSM 系列等；此外，法国、苏联等国也相继研制了 Overhauser 质子磁力仪。

光泵磁力仪于 20 世纪 50 年代中期开始应用于地球物理工作。目前，国外较先进的光泵磁力仪有美国乔美特利公司的 G-822 型、美国 GeoMetics 公司的 G-8XX 系列。

二、国内发展现状与趋势

我国的磁力仪研究开始于 20 世纪 60 年代，并在磁通门、质子旋进和光泵磁力仪三个领域均展开工作，并相继研制出我国第一台光泵磁力仪样机、302 型航空质子旋进磁力仪等，但主要以航空磁力仪为主。1976 年成功研制了 CBG-1 型氦跟踪式光泵磁力仪和 CSZ-1 型铯自激式光泵磁力仪。其后，在国内相关单位研究基础上，又研制成功了 GQ-30 型氦跟踪式光泵磁力仪。此外，中国船舶集团有限公司第七一〇研究所研制了磁通门式海洋磁力仪，中国船舶集团有限公司第七一五研究所研制了灵敏度可达 0.01 nT 的 GB-4 型海洋氦光泵磁力仪。

三、主要差距

我国的海洋磁力仪经过几十年的发展，已经形成了磁通门式海洋磁力仪、光泵磁力仪和质子旋进磁力仪三类产品，与国外整体差距不大。但目前，尚没有专门针对海洋无人自主观测平台开发的产品。

第三节　系统组成和工作原理

一、主要组成

磁通门磁力仪主要由磁通门传感器，亦称磁通门探头和信号处理控制电路组成。光泵磁力仪主要由传感器探头部分和信号处理控制部分组成。质子旋进磁力仪主要由采集磁感应信号的探头、放大部分和频率测量等部分构成。信号的采集和放大是磁力仪准确测量的基础。

二、工作原理

在海洋上相关磁力场都是有规律地分布存在，某一海域的磁力场如果受到外界铁质物体的入侵，则这个磁力场将会受到铁质物体在磁力场中产生的相对于本磁力场的外力作用，从而对该磁力场造成干扰，这些外力干扰基本上都是存在于这个入侵的铁质物体的周围。海洋磁力仪在磁场中的相关应用可以帮助工作人员测量出海洋某个区域的磁场强度，如果磁场受到外力入侵，导致场强变化，海洋磁力仪就相应地改变磁力数值。

第四节　主要分类

海洋磁力仪多种多样，按照测量内容可分为测量海洋电磁场总强度绝对值和梯度值的仪器；按照测量原理可分为机械式磁力仪、饱和式磁力仪、质子旋进磁力仪、光泵磁力仪和超导磁力仪。

此外，目前海洋磁力仪常用的测量方法主要有三种，分别是在无磁性船只上安装磁力仪进行测量，使用普通船只拖曳磁力仪进行测量和把海底磁力仪沉入海底进行测量。

第五节　主流产品介绍

一、美国 Geometrics 公司海洋磁力仪

（一）美国 Geometrics 公司 G-882 铯光泵海洋磁力仪（表 8-1、表 8-2）

G-882 铯光泵磁力仪是 Geometrics 公司新一代海洋磁力仪，采用铯光泵传感器和 CM-201 拉莫计算器结合，加之坚固耐用的壳体，适合任何船只使用。该款设备具有成本低、小巧轻便、灵敏度高等特点，是目前阶段性价比较高的全功能海洋磁力仪（图 8-1）。

表 8-1　美国 Geometrics 公司 G-882 铯光泵磁力仪主要技术指标

指标项	指标参数
工作原理	自激振荡分离波束铯蒸气光泵（无放射性）
探测量程	20 000 ~ 100 000 nT
工作区域	地磁场矢量与传感器长、短轴夹角均大于 6°，自动进行南北半球转换
CM-221 计算器灵敏度	<0.004 nT/pHz RMS。典型值：采样频率 10 Hz 时，0.02 nT；采样频率 1 Hz 时，0.002 nT
采样频率	每秒最高 10 次

续表 8-1

指标项	指标参数
指向误差	±1 nT
绝对准确度	<3 nT
输出	RS-232
传感器拖鱼	直径 7 cm，带尾翼长 1.37 m（尾翼宽 28 cm），重 18 kg，包括传感器和电子部件，一个主配重。附加配重环每个 6.4 kg，可配 5 个
拖缆	Kevlar 增强型多芯拖缆，断裂强度 3 600 lb，外径 12 mm。60 m 电缆带机械终端重 7.7 kg
工作温度	−35~50℃
存储温度	−45~70℃
测量深度	最大 9 000 m
水密性	O 形圈密封，最大工作深度 2 750 m
电源	24~32 VDC 电池供电
标配	CM-201 可视工具软件
软件	MagLog 软件

表 8-2　美国 Geometrics 公司 G-882 铯光泵磁力仪对常见目标的典型探测范围

目标体	异常值	探测距离
1 000 吨级船只	0.5~1 nT	244 m
20 吨级铁锚	0.8~1.25 nT	120 m
汽车	1~2 nT	30 m
轻型飞机	0.5~2 nT	12 m
12 in 管线	1~2 nT	60 m
6 in 管线	1~2 nT	30 m
100 kg 铁块	1~2 nT	15 m
100 lb 铁块	0.5~1 nT	9 m
10 lb 铁块	0.5~1 nT	6 m
1 lb 铁块	0.5~1 nT	3 m
5 in 螺丝刀	0.5~2 nT	4 m
1 000 lb 炸弹	1~5 nT	30 m

目标体	异常值	探测距离
500 lb 炸弹	0.5~5 nT	16 m
手榴弹	0.5~2 nT	3 m
20 mm 铁壳	0.5~2 nT	1.8 m

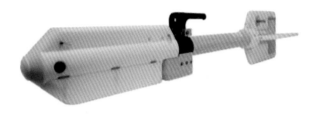

图 8-1　美国 Geometrics 公司 G-882 铯光泵磁力仪示意图

（二）美国 Geometrics 公司 G-882 TVG 海洋磁力梯度仪（表 8-3，图 8-2）

G-882 TVG 海洋磁力梯度仪由两台 G-882 高分辨率、高灵敏度铯光泵磁力仪组成，通常装在一个坚固的拖曳架上，每台磁力仪上装有高准确度传感器，磁力仪、高度计和深度传感器之间以 1 ms 时间间隔同步，系统采样频率为 10 Hz，其他技术指标与标准 G-882 相同。

由于该系统安装在一个整体拖曳架上，易于使两台磁力仪处于相同的深度下工作，克服了传统磁力梯度测量时前后投放两台磁力仪所带来的种种麻烦。

表 8-3　美国 Geometrics 公司 G-882 TVG 海洋磁力梯度仪主要技术指标

指标项	指标参数
工作原理	自激振荡分离波束铯蒸气光泵（无放射性）
量程	20 000~100 000 nT
工作区域	地磁场矢量与传感器长、短轴夹角均大于 10°，自动进行南北半球转换
CM-221 计算器灵敏度	典型值：采样频率 10 Hz 时，0.01 nT
采样频率	高达 40 Hz（步长 100 ms）
指向准确度	<0.25 nT
绝对准确度	<3 nT
输出	RS-232

指标项	指标参数
重量	70 kg，包括两个尾鱼，尾翼和电缆。传感器间距 1.5 m
拖缆	Kevlar 增强型多芯拖缆，断裂强度 3 600 lb，外径 12 mm。60 m 电缆带机械终端重 7.7 kg
工作温度	-35~50℃
存储温度	-45~70℃
测量深度	最大 9 000 m
水密性	O 形圈密封，最大工作深度 2 700 m
电源	115 VAC/220 VAC
标配	CM-201 可视工具软件
软件	MagLog

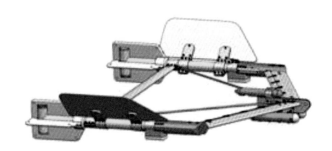

图 8-2　美国 Geometrics 公司 G-882 TVG 海洋磁力梯度仪示意图

二、美国 JW Fishers 公司海洋磁力仪

美国 JW Fishers 公司 Proton 4 海洋磁力仪是终极版的钢铁金属探测器，其灵敏度达 1 个伽马，这对拖曳式磁力仪来说是实际可行的最大灵敏度。它左右每侧的最大探测距离达 450 m（总共 900 m），可以进行大范围快速完整的搜索。磁力仪也是搜索较小目标的一个不错的选择，例如，管线、船锚、铁链、炮体、疏浚头等。对于目标埋在海底以及无法使用声呐以及水下摄像系统的情况来说非常适合。

Proton 4 海洋磁力仪的探测范围不受磁力仪与金属目标之间的介质的影响。无论是通过空气、水、淤泥、沙子、珊瑚还是固体介质来进行检测，其性能不会发生变化。Proton 4 海洋磁力仪非常大的磁力探测范围使它成为专业操作以及海底探宝的理想选择。

Proton 4 海洋磁力仪已经在世界范围的军事单位、执法机构和商业潜水公司中广泛使用。Proton 4 海洋磁力仪性能高，结构坚固易于操作，其控制箱顶端有声音和视频报警，可以连接 GPS，定位坐标可以发送到其内置打印机上。控制箱有一个灵敏度旋钮，操作者可以在开放水体中选择最大灵敏度，在河道以及港口等可能有钢铁结构的地方选择低灵敏度（表 8-4、表 8-5，图 8-3）。

表 8-4 美国 JW Fishers 公司 Proton 4 海洋磁力仪主要技术指标

指标项	指标参数
灵敏度（可调）	1 伽马
最大探测距离	450 m
探测间隔时间	2~4 s 可调
拖曳速度	1~10 m/s
最大工作深度	标准单元 60 m
输入电压	两个车用电池，24 VDC 电源
功率	40 W
材质及颜色	
拖鱼	高强度 PVC，不锈钢，黄色
控制箱	高强度箱体，黑色
电缆	聚丙烯，内嵌 8 根导体，黄色
尺寸重量	
拖鱼	132 cm×15 cm，22 kg
控制箱	36 cm×26 cm×16 cm，2.3 kg
拖缆	直径 2 cm，长 45~300 m，14~90 kg
运输箱	150 cm×46 cm×55 cm，36 kg
总计	150 cm×46 cm×55 cm，77~145 kg

表 8-5 美国 JW Fishers 公司 Proton 4 海洋磁力仪对常见目标的典型探测范围

探测对象	近距	远距（2 伽马探测值）
1 加仑罐	30 cm	—
5 加仑罐	45 cm	—
55 加仑罐	115 cm	—

探测对象	近距	远距（2 伽马探测值）
小型飞机	0.5 m 25 伽马	127 cm
1 t 钢铁	0.76 m 40 伽马	2 m
15 cm 管线	0.5 m 200 伽马	2.5 m
30 cm 管线	0.5 m 350 伽马	4.4 m
大型船锚	1.27 m 500 伽马	5 m
中型船只	2.5 m 1 500 伽马	25 m
大型船只	2.5 m 2 000 伽马	38 m

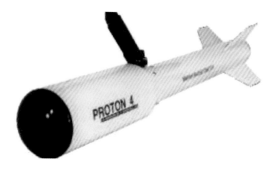

图 8-3　美国 JW Fishers 公司 Proton 4 海洋磁力仪示意图

三、加拿大 Marine Magnetics 公司磁力仪

（一）加拿大 Marine Magnetics 公司 SeaSpy 海洋磁力仪（表 8-6，图 8-4）

Marine Magnetics 公司 SeaSpy 海洋磁力仪是全数字化，所有测量过程均在拖鱼内完成并数字化，拖缆仅传输数字信号。该型产品由高灵敏度全向 OverHauser 探头、密封电子模块、捡漏器、拖缆、信息收发器、24 VDC 电源、甲板电缆、全封闭定制铝质运输箱和 Windows 系统的 BOB Logging 和 GPS Capability 软件等组成。

SeaSpy 海洋磁力仪能够应用于任何海洋环境，从小型船只到大型海洋调查船均可使用，既可应用于海洋调查，也广泛用于港口、航道、锚地等对泥下障碍物、管道探测及海缆走向调查，以及重要工程水域磁场测量等海洋工程开发，还可应用于各种特殊场合，如海洋油气勘探、海底考古、海底不明物调查、海洋环境调查等。

表 8-6　加拿大 Marine Magnetics 公司 Sea Spy 海洋磁力仪主要技术指标

指标项	指标参数
绝对误差	0.1 nT
灵敏度	0.01 nT
计数灵敏度	0.001 nT
分辨率	0.001 nT
死区	无
功耗	待机 1 W，最大 3 W
时基稳定性	1 ppm（−45~60℃）
测程	18 000~120 000 nT
梯度容差	大于 10 000 nT/m
采样频率	0.1~4 Hz
外部触发	RS-232 接口
通信	RS-232，9 600 bps
电源	15~35 VDC
工作温度	−45~60℃
拖鱼尺寸	
长度	124 cm
直径	12.7 cm
空气中重量	16 kg
水中重量	2 kg
拖缆参数	
导线	双芯双绞
破裂强度	2 500 kg
外径	1 cm
空气中重量	125 g/m
水中重量	44 g/m
外保护层	黄色聚氨酯

图 8-4　加拿大 Marine Magnetics 公司 SeaSpy 海洋磁力仪示意图

(二) 加拿大 Marine Magnetics 公司 Explorer 微型海洋磁力仪 (表 8-7，图 8-5)

加拿大 Marine Magnetics 公司 Explorer 微型海洋磁力仪重量轻，结构紧凑，低功耗，是浅水调查的理想选择，非常适合于小型船只使用。

表 8-7　加拿大 Marine Magnetics 公司 Explorer 微型海洋磁力仪主要技术指标

指标项	指标参数
区域限制	无
绝对准确度	0.1 nT
传感器灵敏度	0.02 nT
计数灵敏度	0.001 nT
分辨率	0.001 nT
无效区	无
温度漂移	无
功耗	2 W
时基稳定性	1 ppm（-45~60℃）
测量范围	18 000~120 000 nT
梯度容忍值	超过 10 000 nT/m
采样频率	4~0.1 Hz
外部触发器	RS-232 触发
通信	RS-232，9 600 bps
电源	9~40 VDC 或 100~240 VAC
工作温度	-45~60℃
温度传感器	-45~60℃，0.1℃步长
拖鱼尺寸	86 cm×6 cm

续表 8-7

指标项	指标参数
拖鱼重量	6 kg
拖缆性能	
导体数目	4 线导体+屏蔽层
拖缆类型	凯夫拉强化缆
断裂强度	2 500 kg
外径	1 cm
弯曲直径	16.5 cm
重量	空气中 122 g/m，水中 34 g/m

图 8-5　加拿大 Marine Magnetics 公司 Explorer 微型海洋磁力仪示意图

四、法国 iXBlue 公司海洋磁力仪

法国 iXBlue 公司 MAGIS 海洋磁力仪是一款基于动态核极化共振技术而设计的海洋磁力仪。该产品采用了频率计数器专利技术，使系统具有很高的采样频率而保持灵敏度不变。目前，MAGIS 能够以 12 kn 的速度进行海上测量，分辨率达到 0.01 nT（与采样速率无关），其采样频率最大可达 10 Hz（表 8-8，图 8-6）。

表 8-8　法国 iXBlue 公司 MAGIS 高分辨率海洋磁力仪主要技术指标

指标项	指标参数
灵敏度	0.01 nT，与采样速率无关
工作温度	−20~40℃
分辨率	0.01 nT
存储温度	−40~70℃

续表 8-8

指标项	指标参数
数字信号传输速率	10 Hz
数据输出	RS-232 接口 NMEA 0183
功耗	10 W
最大拖曳速度	12 kn
工作水深	6 000 m
尺寸（长×直径）	175 cm×13 cm
重量	23 kg（空气中），4.3 kg（水中）

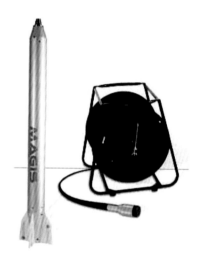

图 8-6　法国 iXBlue 公司 MAGIS 高分辨率海洋磁力仪示意图

五、中国船舶集团有限公司第七一〇研究所海洋磁力仪

（一）中国船舶集团有限公司第七一〇研究所 MS3A 三分量磁通门传感器（表 8-9，图 8-7）

中国船舶集团有限公司第七一〇研究所 MS3A 三分量磁通门传感器是用来测量弱磁场的一种磁性敏感器件，具有分辨力高、灵敏度高、线性度好、噪声小等特点。它利用铁磁性材料的非线性磁化特性来测量外磁场，只敏感与其探头平行的磁场分量，具有矢量测量功能。MS3A 三分量磁通门传感器能为用户提供被测磁场互相垂直的三轴（用 X、Y、Z 三轴表示）磁场分量，测量结果以模拟

电压的形式输出，同时也可将三轴磁场数据合成为总场数据用于测量被测磁场的总量，此外，如果将两个或两个以上的 MS3A 三分量磁通门传感器搭建成一个测量基阵，可对被测磁场进行三轴方向磁场梯度测量。该系统可搭载在地面平台、水面/水下平台、航空平台等不同载体上，对目标磁场进行高精度测量。

表 8-9 中国船舶集团有限公司第七一〇研究所 MS3A 三分量磁通门传感器主要技术指标

指标项	指标参数
静态噪声（峰值）	0.15 nT
灵敏度	100 μV/nT
三轴正交度	±0.1°
带宽	DC~100 Hz
量程	±100 000 nT
非线性度	0.005%F.S.
工作温度	−20~70℃
功耗电流	典型值 40 mA，最大值 50 mA
时间漂移	≤1 nT/h（典型值），≤2 nT/h（最大值）
供电电压	12~18 VDC
尺寸（长×宽×高）	104 mm×39 mm×39 mm

图 8-7 中国船舶集团有限公司第七一〇研究所 MS3A 三分量磁通门传感器示意图

（二）中国船舶集团有限公司第七一〇研究所磁梯度张量仪（表 8-10，图 8-8）

磁梯度张量测量可有效显示被测磁性目标的细节特征，消除背景磁场的影响，主要应用于测量磁感应强度的空间变化率，也可运用磁梯度张量定位技术对磁性目标进行快速定位。

表 8-10　中国船舶集团有限公司第七一〇研究所磁梯度张量仪主要技术指标

指标项	指标参数
量程	$-100 \sim 100 \ \mu T$
分辨率	$0.1 \ nT$
采样频率	同步采样 $1 \sim 60 \ Hz$
平行度误差	$0.1°$
尺寸	$1\ 200 \ mm \times 1\ 500 \ mm \times 200 \ mm$

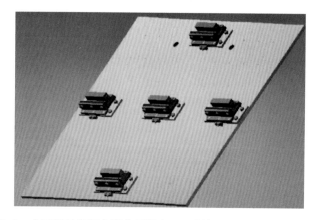

图 8-8　中国船舶集团有限公司第七一〇研究所磁梯度张量仪示意图

六、中国船舶集团有限公司第七一五研究所海洋磁力仪

（一）中国船舶集团有限公司第七一五研究所 RS-YGB6B 海洋氦光泵磁力仪（表 8-11，图 8-9）

RS-YGB6B 海洋氦光泵磁探仪（磁力仪）是一种原子磁力仪，采用光泵技术制成的高灵敏度磁探仪，无零点漂移、不须严格定向，对周围磁场梯度要求不高，可连续测量，是一种高精度磁异常探测器，具有数字化、模块化、小型化和系统集成特点。该系统适合于航空及海洋地球物理勘探中高精度磁测量，也可用于水下小目标探测。

表 8-11　中国船舶集团有限公司第七一五研究所 **RS-YGB6B** 海洋氦光泵磁力仪主要技术指标

指标项	指标参数
工作原理	氦光泵
工作范围	10 000 ~ 120 000 nT
采样频率	1 Hz、2 Hz、5 Hz、10 Hz 可调
方位误差	<±1.5 nT；二台一致性<0.1 nT
拖体入水深度	不小于 200 m
拖体深度指示	量程 0 ~ 165 m；分辨率±0.15%
接口	RS-232 或 RS-422
静态噪声	≤0.005 nT
动态噪声	≤0.05 nT
RS-YGB6A 水下拖体	直径 82 mm，长 1 750 mm（含稳定翼，可拆卸）；稳定翼：直径 360 mm；重量（空气中）25 kg（不含电缆）
RS-YGB6A 拖缆	直径（12±0.3）mm，拉断应力≥2 600 kg；每套梯度仪配备 9 m、150 m 和 300 m 拖缆各 1 根
电源	220 VAC/50 Hz，0.5 A，不含绞车

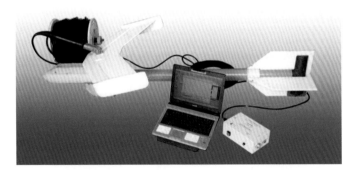

图 8-9　中国船舶集团有限公司第七一五研究所 RS-YGB6B 海洋氦光泵磁力仪示意图

（二）中国船舶集团有限公司第七一五研究所 RS-GB8 氦光泵磁力仪/梯度仪（表 8-12，图 8-10）

RS-GB8 氦光泵磁力仪/梯度仪是新一代数字化的磁力仪产品，该仪器集成了总场测量、总场梯度测量（氦光泵）、三分量测量（磁通门），内嵌微处理器、LCD 液晶显示器（1 024×768）、CF 数据存储卡和 GPS 定位模块，软件功能齐全，操作简便。

表 8-12 中国船舶集团有限公司第七一五研究所 RS-GB8 氦光泵磁力仪/梯度仪主要技术指标

指标项	指标参数
测程	10 000～120 000 nT
采样频率	1 Hz、2 Hz、5 Hz、10 Hz
静态噪声	≤0.005 nT
氦光泵探头一致性准确度	≤0.07 nT
三分量	噪声：≤0.5 nT，测量范围：±50 000 nT，对应输出电压：±5 V
数字输出接口	RS-232
梯度测量探头间距	2 m
仪器系统频率响应	≥10 Hz
存储容量	4 GB/8 GB
重量（含电池）	8 kg（总场测量），9 kg（梯度测量），11 kg（总场/梯度/三分量）
电池工作时间	≥8 h

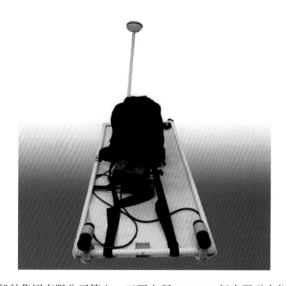

图 8-10 中国船舶集团有限公司第七一五研究所 RS-GB8 氦光泵磁力仪/梯度仪示意图

第六节 主要应用领域

海洋磁力仪可广泛用于沿海地球物理勘探、失事船舶探测、港口磁绘；湖泊、河流、港湾、港口、航道、锚地等海底铁质目标的探测与定位；管道探测、海缆路由调查、重要工程水域磁场测量等海洋工程开发中。

第七节　应用局限性

海洋磁力仪主要基于海上地磁背景数据的获取，对海底磁性进行准确定位，得到较小误差的目标位置。但是由于设备组成的复杂性，及其工作方式主要通过拖曳式作业，对其布放回收的平台要求较高；加之相较于安装在航空平台的磁力仪进行地磁测量，其探测效率差别较大，无法快速有效地完成指定海域的地磁测量工作。

第八节　实例应用

2006 年 12 月 12 日，长江口南支河段发生船只碰撞事件，长江口局测量队利用 Proton4 海洋磁力仪在沉船附近水域来回测量，在控制器的软件上实时显示磁力线，通过磁力线凸起区域初步确定疑似沉船位置，再结合多波束、前视声呐等先进设备探测数据，最终确认了沉船位置和船体性质等信息，提高了作业效率，降低了盲目寻找目标的成本，图 8-11 给出了磁偶极磁场的平面等值线图和典型剖面图示意图。

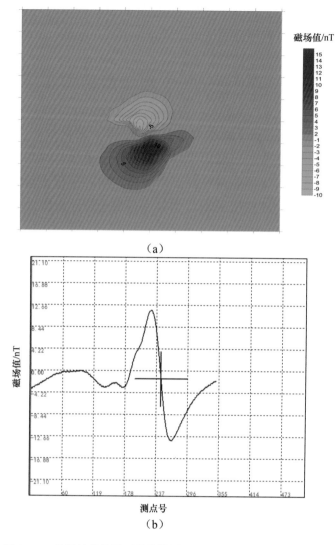

图 8-11　磁偶极磁场平面等值线图（a）和典型剖面示意图（b）

第九章　海洋重力仪

第一节　概述

由于地球表面形状的不规则和地球内部质量分布的不均匀，导致了地球表面各点的引力和惯性离心力是不同的。地球表面上各点的重力不是一个常数。它由赤道向两极增大，同时还随时间变化。地球表面上任何一点的重力值都可以用重力仪实际测量出来。如果测定出来的是该测点的重力绝对数值，则称其为绝对重力测量；如果测定出来的是该点与另一点间的重力差值，则称为相对重力测量。

在重力测量中，按测定重力的方法不同可分为动力法和静力法。动力法通过观测物体在重力作用下的运动状态（路程和时间）来测定重力值。例如，利用物体的自由下落或上抛运动，或利用摆的自由摆动。这些方法通常用来测定绝对重力值，按动力法原理设计的测定绝对重力值的仪器称为绝对重力仪。在建立高级别的基准观测站或进行地震监测等工作时多采用绝对重力测量。静力法则是通过观测物体在重力作用下静力平衡位置的变化来测定两点间的重力差值。例如，观测负荷弹簧的伸长量（线位移系统）或摆杆的偏移角度（角位移系统）。按静力法原理设计的仪器只能测定两点间的重力差值，故称为相对重力仪。在找矿勘探、地质研究以及建筑工程项目中多采用相对重力测量。

第二节　国内外发展现状与趋势

一、国外发展现状与趋势

美国的 L&R 海洋重力仪于 1955 年通过悬挂在平架上在潜艇上成功试验。通过对 L&R 海洋重力仪改进，于 1958 年安装在普通水面船只实施走航式测量，此时的仪器仍然悬挂在常平架上，借助于两个 2 分钟周期的长周期摆动来确定近似垂线的偏角，但该仪器只能在垂直附加加速度小于 50 Gal 的环境下使用，测量精度可达 4 mGal。1965 年又全面系统地对 L&R 海洋重力仪做了改进，使之安装在霍尼威尔（Honey-well）陀螺平台上工作，大大提高了仪器的性能。

此外，西德阿斯卡尼亚公司于 1957 年研制成功第一代走航式海洋重力仪，但该走航式海洋重力仪尚处于试验阶段，受船只引起的加速度影响较大，只能在近海海况较好的条件下工作。1962 年，该公司通过建立反馈回路滤波系统和改进陀螺仪稳定平台等措施，研制完成第二代 GSS-2 型走航式海洋重力仪，大大增强了设备的外界抗干扰性。1976 年，阿斯卡尼亚公司将海洋重力仪转户，由波登斯威克地学系统公司生产后改名为 GSS-20 海洋重力仪，并在此基础上与陀螺平台设备（KT20/KE20）、传感器的控制装置 GE20、数据记录系统 DL20 等部件共同组成新的海洋重力仪系统，命名为 KSS-5 型海洋重力仪。

二、国内发展现状与趋势

国内海洋重力仪的自主研制工作始于 20 世纪 60 年代初期。1963 年，中国科学院测量与地球物理研究所成功研制了我国第一台 HSZ-2 型海洋重力仪。此后，在中国科学院测量与地球物理研究所、国家地震局地震研究所等单位攻关下，先后成功研制 DZY-2 型海洋重力仪（内部检核精度为±2.4 mGal）、CHZ 型轴对称式海洋重力仪（与 KSS-30 型海洋重力仪海上同船作业比对评估结果为显示其不符值中误差为±1.35 mGal，优于 KSS-30 型海洋重力仪±2.27 mGal），并对其不断升级改造。

进入 21 世纪，我国自主海空重力测量技术取得较大发展。国防科技大学于 2008 年推出了具有自主知识产权的捷联式重力仪原理样机（SGA-WZ01）和工程样机（SGA-WZ02）。试验结果表明，该系统测量精度达到了国外同类产品的技术水平；中国船舶集团有限公司第七〇七研究所也于 2010 年推出了 GDP 型原理样机，并相继开展了一系列静态、动态、船载和机载测量试验，取得了较好的评估效果。此外，中国航天科技集团公司、中国航天科工集团公司等单位也相继推出了平台式航空重力仪原理样机、捷联式重力仪样机（SAG-Ⅰ与 SAG-Ⅱ）和基于三轴惯性稳定平台的海空重力仪原理样机（GIPS-AM）。

为推动我国海空重力测量装备的国产化进程，国内多家单位联合于 2012 年、2013 年在南海组织实施了多型海空重力仪比对试验。其中 2012 年为同机比对试验，飞行试验采用"运 8"飞机平台，同机加装了 4 型 5 套海空重力仪，其中 3 套为国外引进的商用海空重力仪，分别为俄罗斯 GT-1A 型航空重力仪，美国 TAGS 型航空重力仪（S158）和 L&R SII 型海空重力仪（S167），另外 2 套分别为国产 SGA-WZ01 型捷联式重力仪和 GDP-1 型平台式重力仪。2013 年为同船比对试验，同船加装了 4 型 4 套海空重力仪，分别为俄罗斯 Chekan 型海洋重力仪、美国 L&R SII 型海空重力仪（S167），及其国产 SGA-WZ01 型捷联式重力仪和 GDP-1 型平台式海空重力仪。两次试验均获得了丰富而极具研究价值的比对测试数据，开创了国内大型海空重力测量仪器同机同船测试的先例，不仅全面掌握和验证了多型海空重力仪的技术性能，还带来了多角度分析和深层次思考，同时为后续的海空重力测量关键技术研究工作提供了非常难得的数据支持。

2019 年在执行中国第 36 次南极考察任务期间，自然资源部利用中国船舶集团有限公司第七〇七研究所研制的 2 台国产海洋重力仪在南极区域开展重力作业，取得了一批高精度的重力数据，实现了国产化重力仪从搭载试验到装备作业的跨越，表明重力仪国产化进程又迈出了坚实的一步。

三、主要差距

国外高精度海洋重力仪经过几十年的发展，现如今已进入产业化阶段。国外相对重力仪动态重复精度能达到 0.25 mGal，国内相对重力仪重复精度能达到 1 mGal，海洋重力测量方面的差距依然存在。并且由于先进发达国家对我国封锁重力探测装备技术，国内应用单位主要依靠进口。

第三节 系统组成和工作原理

一、主要组成

海洋重力仪主要由重力传感器、陀螺平台、电子控制和记录单元等组成，其测量结果可模拟输出，也可用磁带或打印机输出数字形式成果。其中，海洋重力仪的陀螺平台由水平加速度计、陀螺仪、伺服放大器、转矩马达和陀螺进动装置等部件构成修正回路和稳定回路。两个水平加速度计起长周期水平仪的作用，成为两个陀螺仪的基准，修正陀螺漂移和进行交叉耦合改正计算。伺服放大器驱动力矩马达使陀螺平台成为一个回转罗盘，始终保持北向，成为惯性导航系统。三个陀螺仪和两个水平加速度计的输出值用来计算厄缶效应改正值。

二、工作原理

海洋重力仪是根据立式地震仪原理设计的。以美国的 L&R 摆杆式海洋重力仪为例（图 9-1），重力仪传感器中的摆杆为近似于水平放置的横杆，它可以绕水平轴旋转。横杆的另一端斜挂着一根弹簧，弹簧的上端连接着测微螺旋。通过改变弹簧端点的位置（即改变弹簧的张力）来平衡重力对摆杆的作用。空气阻尼器对摆杆产生高阻尼，以减少垂直附加加速度对重力测量的影响（图9-2）。

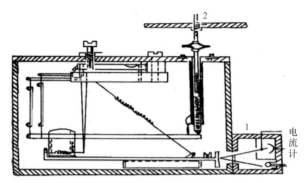

图9-1　摆杆式海洋重力仪构造示意图

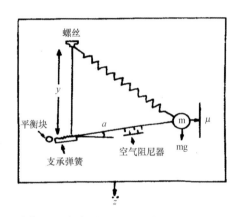

图9-2　摆杆式海洋重力仪原理示意图

其读数方法采用零位读数法，即利用测微螺旋使重力摆回复到平衡位置（即零位），然后读测微螺旋的数值。该数值经处理后可以化算为重力差，由计算机除消除水平加速度影响和进行二次项改正，并对垂直附加加速度进行滤波和进行交叉耦合改正。当观测值送到计数器后，即可在重力读数器上读出经过各项改正和滤波后的重力值。读数是自动记录的，摆杆的前端装有反光镜，由光源射出的光线通过反光镜反射到光电管上。当横摆在零位时，射在光电管感光面上的光量正好使连接在它线路上的电流计的指针指在零位上。如果横摆偏出零位，则电流计上的电路产生电流，从而推动测微螺旋，调节辅助弹簧的扭力使摆回复到零位。由于在海洋上进行重力测量时摆杆的位置是不稳定的，因此，上述调节工作是连续不断进行的。

第四节　主要分类

海洋重力仪按照其用途和工作特点，可以分为四类：绝对重力仪、野外观测重力仪、动态重力仪以及固体潮和地震预报台站观测重力仪。

按照其工作原理、结构和使用方法，可以分为五类：杠杆型海洋重力仪、重荷置于弹簧上的海洋重力仪、振弦型海洋重力仪、石英扭丝型海洋重力仪和强迫平衡海洋重力仪。

第五节　主流产品介绍

一、美国 Microg-LaCoste 公司海洋重力仪

MGS-6 型动态海洋重力仪是美国 Microg-LaCoste 公司新一代高精确、高可靠性动态测量全球范围重力值的精密仪器，也是 Microg-LaCoste 公司在海洋重力仪历经多年成功经验基础上的研发成果，其工作平台与 TAGS-6 航空重力仪具有相同的陀螺平台，传感器内部的摆系统采用了电磁阻尼技术，无须锁摆（表9-1，图9-3）。较上一代 AS-2 型海洋重力仪，即使在恶劣海况下仍可获得高质量数据，系统灵敏度和数据质量均有大幅度提高，且体积尺寸大幅度减小、重量轻，更加便于搬运。此外，系统控制及数据采集平台系统完全独立出来，软件运行速度及系统的可操控性都明显得到改进。

表 9-1　美国 Microg-LaCoste 公司 MGS-6 型动态海洋重力仪主要技术指标

指标项	指标参数
量程	12 000 mGal
漂移	每月 3 mGal
温度设定值	46~55℃
采样频率	1 Hz
分辨率	0.01 mGal
静态可重复性	0.05 mGal
海上精度	1.0 mGal

续表 9-1

指标项	指标参数
工作温度	0~40℃
存储温度	−30~50℃
供电要求	240 W 平均功率, 450 W 最大功率 交流电压 80~265 VAC, 47~63 Hz
尺寸	71 cm×56 cm×84 cm（28 in×22 in×33 in）
重量	86 kg

图 9-3　美国 Microg-LaCoste 公司 MGS-6 型动态海洋重力仪示意图

二、美国 ZLS 公司海洋重力仪

美国 ZLS 公司 ZLS 型动态海洋重力仪是最新的，排除了传统光线类型重力仪中固有的跨联结误差和需要操作者时常进行周期性调整，以及解决了震动灵敏性问题的重力设备（表9-2，图9-4）。该型重力仪采用新传感器，可以消除交叉干扰的误差，不再需要湿度调节器。液体阻尼实际上消除了潮湿空气对传感器的震动干扰，误差比光线传感器小 3~5 倍。与传统的光线型传感器不同，由于消除了时间所带来的误差和需要对轨迹变化所进行的正规校正，新型的设计可以消除"倾斜读数误差"。

表 9-2　美国 ZLS 公司 ZLS 型动态海洋重力仪主要技术指标

指标项	指标参数
量程	7 000 mGal
月度零漂	<3.0 mGal
静态可重复性精度	0.2 mGal
分辨率	0.01 mGal
稳定温度	5 ppm（-20~70℃）
工作温度	15~50℃
电压要求	87~270 V，47~63 Hz
电流要求	工作时：1 A，最大：2.5 A
尺寸	70 cm×55 cm×64 cm
重量	83.9 kg

图 9-4　美国 ZLS 公司 ZLS 型动态海洋重力仪示意图

三、美国 DGS 公司海洋重力仪

AT1M 型海洋重力仪是美国 DGS 公司研发的新型全反馈磁阻尼动态重力仪，采用最新电子工业技术成果，兼具了直线弹簧重力仪不受交叉耦合影响的动态特性优点，以及零长弹簧摆杆重力仪灵敏度高、零点漂移小的静态特性优点，确保在各种运动环境下都可得到更高精度及更好一致性的调查数据（表9-3，图9-5）。此外，该设备采用模块化设计，结构简洁，操作简单，便于维护，方便运输及安装。DGS 动态重力仪有两种类型：一种是海洋型，主要用作海洋重力调查；另一种是海空型，主要装在飞机上进行航空重力调查，如果装在船舶上，也可以进行海洋重力调查。

表 9-3　美国 DGS 公司 AT1M 型海洋重力仪主要技术指标

指标项	指标参数
量程	20 000 mGal
月度零漂	3.0 mGal
分辨率	0.01 mGal
实验室精度	0.05 mGal
动态精度	0.25 mGal
采样频率	1~10 Hz
工作温度	0~45℃
工作湿度	5%~90%
存储温度	−30~50℃
电压要求	110~220 VAC, 500 W
最大功率	150 W
尺寸	710 mm×560 mm×840 mm
重量	86 kg

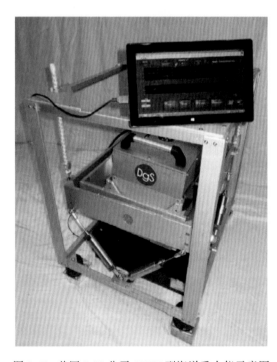

图 9-5　美国 DGS 公司 AT1M 型海洋重力仪示意图

四、加拿大 CMG 公司海洋重力仪

加拿大 CMG 公司 GT-2M 型海洋重力仪系统采用独特的设计,结合惯性导航系统、垂直重力传感器、舒勒调谐三轴平台和全球定位系统,可用于全球重力异常测量(表9-4,图9-6)。其垂直放置的传感器,可以最大限度地减少水平加速度对垂向通道的耦合干扰。GT-2M 型海洋重力仪的动态范围高达±1 g,灵敏度达 0.1 mGal,海上动态精度高达 0.2 mGal,平台摆动的允许范围达到 45°,配合4个同步可编程滤波器,在恶劣的调查条件下仍可以高效率探测高质量数据。

表 9-4　加拿大 CMG 公司 GT-2M 型海洋重力仪主要技术指标

指标项	指标参数
量程	10 000 mGal
月度零漂	<3.0 mGal
动态范围	±1 000 Gal
灵敏度	0.1 mGals
分辨率	10 μGal
采样频率	0.1~2 Hz
海上精度	0.2 mGal
工作温度	10~35℃
功耗	150 W
尺寸	400 mm×400 mm×600 mm
重量	153.5 kg

图 9-6　加拿大 CMG 公司 GT-2M 型海洋重力仪示意图

五、德国 Bodenseewerk 公司海洋重力仪

KSS-32-M 型海洋重力仪是德国 Bodenseewerk 公司研制的一种采用直线型工作原理的新型重力仪。该仪器主要由弹性系统、稳定装置及系统控制与数据输出等构成（表9-5，图9-7）。该仪器可适用于不同的海况，即使在恶劣条件下也能达到优于0.5 mGal的精度，其高度精确值和线性测量值可高达 0.23 g（230 000 mGal）的垂直加速度。

表 9-5　德国 Bodenseewerk 公司 KSS-32-M 型海洋重力仪主要技术指标

指标项	指标参数
量程	20 000 mGal
月度零漂	3.0 mGal
静态可重复性精度	0.2 mGal
动态精度	2.5 mGal
采样频率	1 Hz
工作温度	10~35℃
工作湿度	30%~70%
电压要求	100~230 VAC/50~60 Hz
最大功率	400 VA

图 9-7　德国 Bodenseewerk 公司 KSS-32-M 型海洋重力仪示意图

六、中国船舶集团有限公司第七〇七研究所海洋重力仪

ZL11-1A 新型惯性稳定平台重力仪是中国船舶集团有限公司第七〇七研究所在 GDP-1 型动态重力仪基础上研制成功的，其数据处理关键环节使用了卡尔曼滤波用来估计高动态环境下获得数据运动干扰误差，以及使用 300 s 长的 FIR 滤波器用来去除高频零均值噪声（表 9-6，图 9-8）。2018 年 6 月，为评估 ZL11-1A 新型惯性稳定平台重力仪运行稳定性和作业有效性，将其与 GT-2M 和 LCR-SII 船载重力仪在海上同船进行同步对比试验。对比试验结果显示在相同测试环境下，ZL11-1A 精度略低于 GT-2M，但高于 LCR-SII，这意味着 ZL11-1A 新型惯性稳定平台重力仪可以满足 1 mGal 或更高标准的地球物理测量指标要求。

表 9-6　中国船舶集团有限公司第七〇七研究所 ZL11-1A 新型惯性稳定平台重力仪主要技术指标

指标项	指标参数
量程	10 000 mGal
月度零漂	4.5 mGal
分辨率	0.2 mGal
动态精度	±2.0 g
采样频率	1~100 Hz
工作温度	15~35℃
工作湿度	5%~90%
存储湿度	≤95%
电压要求	220 VAC±10%，冷启动≤350 W，稳态功耗≤200 W
尺寸	560 mm × 560 mm × 980 mm
重量	140 kg

图 9-8　中国船舶集团有限公司第七〇七研究所 ZL11-1A 新型惯性稳定平台重力仪示意图

第六节　主要应用领域

海洋重力为研究地球形状，精化大地水准面提供重力异常测量数据，主要在海底矿产勘探、领海基点与基线确定、国际海域专属资源区域划界、自主匹配定位导航、海权维护和军事海洋等方面应用。

第七节　应用局限性

在海洋重力仪搭载在测量平台上进行重力测量时，要求重力传感器始终与水平面保持垂直。当前，主要使用常平支架支撑系统使仪器设备保持垂直状态，从而减弱搭载平台的横摇、纵摇以及混合摇动对重力测量的影响。而在实际测量过程中，搭载平台的水平航行会对常平架上安装的重力仪产生水平加速度，从而影响重力仪的测量精度。此外，海洋重力仪本身仪器误差与陆地重力仪一致，如材料老化、零点漂移和突然掉格等，以及由于考虑海洋重力仪特殊工作环境而进行的特殊设计带来的误差等也会影响其测量精度。

第八节　实例应用

无人艇载重力测量，由于载体机动大，动态条件恶劣等现实条件制约，对无人艇和海洋重力仪都是不小的挑战，是国际上公认的难题。2021年6月，中国船舶集团有限公司第七〇七研究所使用自主研发的无人平台小型重力仪在秦皇岛附近海域，进行了无人艇载重力测量作业。在三级及以下海况下，其重力测量精度优于1 mGal，在无人重力测量领域率先迈出关键一步（图9-9）。

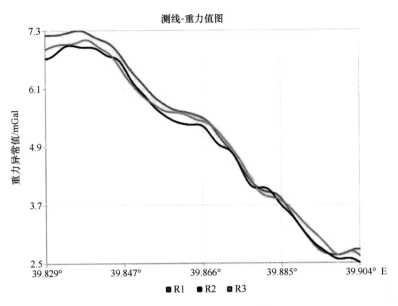

图 9-9　重力测量重复线示意图

第十章　总结与展望

第一节　总结

一、海洋无人观测装备国外发展与应用现状

海洋无人观测装备国外研发与应用起步较早，美国、欧洲、以色列、日本等国家和地区的海洋无人观测装备（平台、载荷）以及其应用等一直走在世界前列，引领全球海洋无人观测装备的发展。

（一）美国在海洋无人观测平台、载荷及应用方面处于领先地位

美国凭借其雄厚的海洋科技创新能力，创新性地提出并研发了波浪滑翔机、水下滑翔机、AUV、ARV 等海洋无人观测平台，并搭载了 ADCP、多波束测深仪、合成孔径声呐无人平台观测载荷。目前，仅美国实现了波浪滑翔机的商业化生产。此外，美国 Webb research 公司 Argo 浮标、美国 Seabird 公司 CTD、美国 TRDI 公司 ADCP 等装备在全世界市场占有率超过 50%。

与此同时，美国积极开展海洋无人观测装备应用探索。早在 20 世纪 80 年代，就牵头实施了热带海洋与全球大气计划、世界大洋环流实验、国际 Argo 计划等系列化国际海洋研究计划。进入 21 世纪后，美国更加积极地探索新型海洋无人观测装备的应用。2000 年 7 月，美国在 LEO-15 海洋生态环境观测站通过布放一个搭载 CTD 载荷的水下滑翔机，完成了 10 d 的连续观测；2003 年，美国海军在军事演习过程中，使用水下滑翔机收集演习海域的环境数据，并完成了水雷探测和敌方舰艇活动监视任务；2016 年，美国已建成的 OOI-RSN 海底观测网中，部署了多台水下滑翔机和 AUV 移动平台，作为固定水下观测阵列的扩展。

（二）欧洲在海洋无人观测平台、载荷及应用方面特点鲜明

瑞典、挪威在 AUV、ROV、ADCP、多波束测深仪等装备技术方面较为突

出，成功研发出 AUV 62 等多型海洋无人观测装备；英国则在多波束测深仪、侧扫声呐、浅地层剖面仪等装备方面技术领先，实力雄厚；法国在水下滑翔机、Argo 浮标、ARV 等装备方面技术领先；加拿大在合成孔径声呐、海洋磁力仪等装备技术方面表现突出。

在海洋无人观测装备的应用方面，法国、德国等走在了前列。法国作为国际 Argo 浮标的数据中心，开展了大量 Argo 浮标的应用工作。英国、法国、德国、意大利、西班牙等国，在 2005—2014 年期间，陆续组织大约 300 台次水下滑翔机观测，建立了欧洲水下滑翔机观测网，执行各种海洋观探测任务，并已启动水下滑翔机海洋观测与管理研究，研究了水下滑翔机数据处理方法。

（三）以色列和日本分别在 USV 和水下深潜器技术方面世界领先

以色列是 USV 研发大国和强国，该国的拉斐尔、航空反骨、埃尔比特公司都推出了世界先进水平的 USV 平台，如著名的"Protector"号 USV。日本则是水下深潜器研发强国，从最早的"深海 6500"号到目前仍是世界上唯一能下潜到 11 000 m 的"海沟"号，无不代表了世界深水潜器的先进水平。

二、海洋无人观测装备国内发展与应用现状

国内在海洋无人观测平台研制方面，已基本掌握海洋无人观测平台技术，实现了 USV、表面漂流浮标波、浪滑翔机、水下滑翔机、Argo 浮标、AUV、ROV 的商业化生产，其中 USV、AUV 等海洋无人观测装备达到国际先进水平。此外，ROV 工程样机、深海 Argo 浮标和基于北斗系统的表面漂流浮标等也已成功研制。

在海洋无人观测载荷装备研制方面，开发了多波束测深仪、海洋磁力仪、多普勒测流仪等产品，但工程化水平有待提高。目前，国内海洋无人平台所搭载的观测载荷大多依靠进口，并通过集成搭载于海洋无人观测平台上。

在海洋无人观测装备业务化应用方面，表面漂流浮标和 Argo 浮标应用相对成熟，已实现业务化运作。2002 年我国正式加入国际 Argo 计划，已累计布放了 400 余个 Argo 浮标，目前 80 个处于活跃状态。此外，表面漂流浮标常年在中远海和大洋中保持数量不少于数十个。其他无人观测装备的规模化应用正处于探索阶段。2016 年，国家海洋局南海调查中心使用 USV 获取了南海岛礁周边 4 个区块、合计 70 km 的水深数据；2019 年，青岛海洋科学与技术国家试点实验室组织 50 多台套水下、水面海洋无人观测平台，包括 USV、波浪能滑翔机、水下滑翔机、AUV、Argo 浮标等，组成了面向海洋中尺度涡的立体综合观探测网，

覆盖了大气—海水界面至 4 200 m 水深范围的 $40×10^4$ km² 海区,首次为海洋中尺度涡研究提供了海洋动力、生物、化学、声学、气象等多学科综合数据,在国内首次实现了无人平台多机协作、多型无人平台的立体组网观测。

三、我国与国外海洋无人观测装备发展的主要差距

经过近 10 年的大力发展,我国海洋无人观测能力取得了长足进步,大幅度缩小了与国外的差距。但是,还存在原创性不足、工程化能力较弱、低端重复建设、高端无人问津、可靠性不高、产业化不足、市场占有率低等问题。其中,在海洋无人观测平台研制方面,我国的平台种类、基本性能与国外总体水平差距不大;在海洋无人观测载荷方面,受我国海洋传感器整体水平落后的制约,与国外仍有一定的差距;在海洋无人观测装备业务化应用方面,少数装备实现了业务化应用,大部分还处在探索应用阶段。这些差距具体体现在以下三个方面。

一是缺乏原创性的海洋无人观测装备。由于我国海洋仪器设备研发起步晚,发展缓慢,基本上采用跟随、仿制的发展模式,存在依赖性,缺乏原创性、颠覆性的海洋无人观探测概念和观探测方法,原创性海洋无人观测装备空白。

二是国产海洋无人观测装备产业化不足。国内的海洋无人观测装备大多是在国家科研经费支持下研制出的工程样机,未经过充分的使用、试验以及市场检验,在国内市场长期被进口产品占据的大环境下,成果转化和产品应用严重不足,使得国产海洋无人观测装备试验成熟度较低,产业化发展之路任重而道远。

三是缺少世界领先的海洋仪器设备制造企业。我国海洋仪器设备发展起步晚,海洋仪器设备制造企业技术、工艺等落后,国产海洋仪器设备粗大笨重、可靠性不高,无法满足市场对海洋仪器设备小型化、低功耗、质量轻、耐高压、全水深的需求,加上进口产品长期占据我国主要市场,严重制约了国产海洋仪器设备的市场化发展。

第二节　展望

进入 21 世纪以来,我国海洋观测技术发展迅速,海洋无人观测装备研制取得飞速发展,已经具备主流海洋无人观测装备的研制能力,应充分发挥海洋无人观测装备的机动、灵活的特点,开展大尺度、中尺度观测,实现对目标海域突发事件的迅速响应和精细化高密度观测,为迎接即将到来的海洋无人观测时

代打下坚实的基础。

当前，随着大数据、物联网、人工智能、无人观测技术和新能源、新材料的快速发展，海洋无人自主观测装备正朝着综合技术、体系化方向发展，呈现出以下五个方面的发展态势。

一是向智能化方向发展。在控制与信息处理系统中，逐渐提高图像识别、人工智能、信息处理、精密导航定位等技术，向智能化、精准化方向发展。

二是向混合式方向发展。从单传感器载荷而言，小型化、自主化、一体化、多功能是载荷发展主要方向；从多传感器载荷来讲，同类组网、异类融合是发展趋势。未来需要的不仅是能够搭载 CTD、ADCP 等单型载荷的标准的 AUV、ROV 平台，更需要的是具备多任务载荷搭载能力的综合性无人自主观测装备。

三是向低功耗方向发展。水下无人观测平台体积有限，限制了所能携带的能源总量，加之水下环境复杂，能源补给难度较大，因此降低功耗、载荷小型化将对水下无人观测装备具有重要意义。

四是向海洋无人观测装备的系统化发展。随着海洋无人自主观测装备应用的增多以及科考任务的细化和深入，将会出现多个或多类装备的系统作业，共同完成复杂的观探测任务。

五是向远航程、深海型方向发展。随着探查范围的逐渐扩大，要求海洋无人自主观测装备可以进行远航程作业。

海洋无人观测是海洋技术发展与社会进步的必然趋势，是海洋强国建设的重要内容，是未来海洋科技竞争的核心内容。未来，海洋无人观测装备将依托海洋立体观测网中的固定观测装备进行能源补给和信息交互，实现海洋立体观测范围拓展，并利用固定观测装备或水面无人观测进行导航和定位。加之人工智能在海底观测、数据处理等方面的深入应用，将实现不同海洋无人观测装备间的自动组网与自主观测，实现海量观测数据的实时连续处理、分发与展示，实现重要海洋现象的持续自主跟踪观测，实现海洋要素的智能化预报。

参考文献

蔡建平.2006.海洋磁力仪探测应用的探讨[C]//中国航海学会航标专业委员会测绘学组学术研讨会学术交流论文集.

戴云舟.2008.海洋磁力仪应用[C]//中国航海学会航标专业委员会测绘学组学术研讨会学术交流论文集.

库安邦,周兴华,彭聪.2018.侧扫声呐探测技术的研究现状及发展[J].海洋测绘,38(1):50-54.

李冬,刘雷,张永合.2017.海洋侧扫声呐探测技术的发展及应用[J].港口经济,(6):56-58.

李海森,周天,徐超.2013.多波束测深声呐技术研究新进展[J].声学技术,32(2):73-80.

李平,杜军.2011.浅地层剖面探测综述[J].海洋通报,30(3):343-350.

李蓉.2001.合成孔径声呐技术研究[D].西安:西北工业大学.

李勇航,牟泽霖,万芃.2015.海洋侧扫声呐探测技术的现状及发展[J].通讯世界,(3):217-218.

刘纪元.2019.合成孔径声呐技术研究进展[J].中国科学院院刊,34(3):283-288.

刘经南,赵建虎.2002.多波束测深系统的现状和发展趋势[J].海洋测绘,22(5):5-8.

刘彦祥.2016.ADCP技术发展及其应用综述[J].海洋测绘,36(2):45-49.

路晓磊,张丽婷,王芳,等.2018.海底声学探测技术装备综述[J].海洋开发与管理,35(6):93-96.

齐勇,吴玉尚,张可可,等.2016.ADCP的分类及其研究进展[J].气象水文海洋仪器,33(1):113-117.

孙大军,田坦.2000.合成孔径声呐技术研究(综述)[J].哈尔滨工程大学学报,21(1):53-58.

唐敏炯,闻卫东,殷豪.2017.PROTON4型海洋磁力仪在长江口的测试与应用.中国水运,17(3):92-94.

唐庆辉,范开国,张坤鹏.2021."透明海战场"跨域立体组网观测思考[J].军事测绘导航,2:3-6.

尹善明,高文洋,田文韬,等.2009.CTD测量技术的现状及发展[J].2009第五届苏皖两省大气探测、环境遥感与电子技术学术研讨会专辑.

张春华,刘纪元.2005.合成孔径声呐技术的研究进展及未来[C]//中国声学学会2005年青年学术会议论文集.

张同伟,秦升杰,唐嘉陵,等.2018.深水多波束测深系统现状及展望[J].测绘通报,No.494(5):85-88.

张同伟,秦升杰,王向鑫,等.2018.深海浅地层剖面探测系统现状及展望[J].工程地球物理学报,15(5):5-12.

张兆英.2003.CTD测量技术的现状与发展[J].海洋技术,4:106-111.